Sales & Operations Planning in der Konsumgüterindustrie

Matthias Lütke Entrup · Dennis Goetjes

Sales & Operations Planning in der Konsumgüterindustrie

Mit Best-Practice-Prozessen nachhaltig die Wettbewerbsfähigkeit steigern

Springer Gabler

Matthias Lütke Entrup
HÖVELER HOLZMANN CONSULTING
GmbH, Düsseldorf
Nordrhein-Westfalen, Deutschland

Dennis Goetjes
HÖVELER HOLZMANN CONSULTING
GmbH, Düsseldorf
Nordrhein-Westfalen, Deutschland

ISBN 978-3-658-22890-3 ISBN 978-3-658-22891-0 (eBook)
https://doi.org/10.1007/978-3-658-22891-0

Die Deutsche Nationalbibliothek verzeichnet diese Publikation in der Deutschen Nationalbibliografie; detaillierte bibliografische Daten sind im Internet über http://dnb.d-nb.de abrufbar.

Springer Gabler

Lektorat: Susanne Kramer

Springer Gabler ist ein Imprint der eingetragenen Gesellschaft Springer Fachmedien Wiesbaden GmbH und ist ein Teil von Springer Nature
Die Anschrift der Gesellschaft ist: Abraham-Lincoln-Str. 46, 65189 Wiesbaden, Germany

Geleitwort

Die möglichst exakte Prognose des Absatzes pro Produkt und den daraus resultierenden Einkaufsmengen bei Lieferanten unter Berücksichtigung der vorhandenen Lagerbestände sowie den benötigten Kapazitäten in der eigenen Produktion, stellt die thematische Verknüpfung eines alten Menschheitstraums mit dem konzeptionellen Lösungsweg eines immer wichtiger werdenden betrieblichen Funktionsbereichs Supply Chain Management (SCM) dar. Der Wunsch, Licht in das Dunkel der Zukunft zu bringen und Ereignisse schon vor ihrem eigentlichen Auftreten zu erkennen, ist so alt wie die Menschheit selbst und begegnet uns im antiken Orakel von Delphi genauso wie in der modernen Wettervorhersage. Die mit seiner Verwirklichung verbundenen Fragen und Lösungen werden in diesem Buch unter die Perspektive des Sales & Operations Planning (S&OP) gestellt.

Für viele Konsumgüterhersteller besteht eine wesentliche Herausforderung darin, eine optimale Balance zwischen Nachfrage und Angebot zu finden. Um hier ein gutes Ergebnis zu erzielen, ist ein stabiler Geschäftsprozess zur Bedarfsprognose notwendig. S&OP sollte daher in der Konsumgüterindustrie einer der Kernprozesse der Planung sein, in dem – unter Beteiligung von Vertrieb, Produktion, Einkauf und Logistik – ein Abgleich der Bedarfsprognosen in Form eines strukturierten, und in festen Intervallen durchgeführten Management Meetings stattfindet. Im Kern geht es darum, zu einem abgestimmten Produktions- und Lieferplan zu gelangen und die beteiligten Unternehmensbereiche frühzeitig zu alarmieren, wenn der erstellte Plan nicht mehr zur Realität passt. State-of-the-Art S&OP ermöglicht es, rasch – und nicht erst mit einer Verzögerung von mehreren Wochen oder Monaten – Kursänderungen durchzuführen. Diese Genauigkeit und Reaktionsschnelligkeit können mit der Einführung eines abteilungsübergreifenden S&OP-Prozesses und mit der Implementierung eines geeigneten IT-Tools erreicht werden.

Planung findet vor der Realisation von Maßnahmen statt und ist wesentlich auf Informationen über das Eintreffen zukünftiger Ereignisse angewiesen. Weil ein geplanter Maßnahmeneinsatz ohne Vorstellungen über die Zukunft nicht plausibel begründet werden kann, sind Prognosen die wohl wichtigste Informationsart, die im Rahmen des S&OP-Prozesses erhoben und verwendet werden. Prognosen sind dabei gleichzeitig häufig die Achillesferse des S&OP. Der französische Zukunftsforscher Betrand de Jouvenel hat Prognosen treffend folgendermaßen charakterisiert:

- Prognosen sind auf die Beantwortung der Frage „Was wird sein?" gerichtet. Mit dem Merkmal der Zukünftigkeit geht die Unsicherheit ihrer Aussagen einher. Wegen der Unmöglichkeit, die Zukunft präzise vorherzusagen oder gar festzulegen, haben Prognosen immer unvollkommene Informationen zum Gegenstand.
- Prognosen bauen auf Vergangenheitsinformationen auf, die mittels einer speziellen Logik in zukunftsbezogene Aussagen transformiert werden. Prognosen weisen somit immer einen historischen Bezug auf; ein bloßes „Tippen" der Zukunft, ohne Schlussfolgerungen aus der Vergangenheit zu ziehen, zählt nicht dazu.

Aus den Merkmalen folgt, dass Prognosen, insbesondere langfristige, als unscharf zu deuten sind. Sie können keinen definitiven Richtigkeitsanspruch für sich reklamieren, sondern müssen eher als „best educated guess" verstanden werden. Dies führt dazu, dass es aufgrund der Ungewissheit auch anders als in der Prognose antizipiert kommen kann, und Unternehmen Überraschungen ausgesetzt werden können. Als Gegengewicht zu diesen Ausblendungen der Prognose ist daher eine regelmäßig arbeitende Sicherungsfunktion zu installieren, die die Planung permanent begleitet und auf chancen- und risikoinduzierte Umsteuerungsnotwendigkeiten aufmerksam macht. Diese Funktion übernimmt das S&OP-Meeting in Kombination mit einem geeigneten IT-Tool. Zu diesem Zweck sind rechtzeitig Informationen aufzuspüren, die auf Möglichkeiten einer positiven oder negativen Planabweichung hinweisen. Je frühzeitiger diese Hinweise in der Planung berücksichtigt werden, desto größer ist der Gestaltungsspielraum. Das S&OP ist hier als Weg zu sehen, die benötigte Zeit „zu kaufen" und Chancen und Risiken noch in der Phase anzugehen, in der der Handlungsdruck relativ gering ist.

In vielen Unternehmen der Konsumgüterindustrie wird der Umgang mit der Planungsprognose meist noch stiefmütterlich behandelt. Zahlreiche Unternehmen haben noch kein professionelles S&OP in Ihrem Unternehmen etabliert. Dem soll das vorliegende Buch abhelfen. Prof. Dr. Matthias Lütke Entrup und Dennis Goetjes ist es gelungen, aufgrund Ihrer umfangreichen Erfahrung aus zahlreichen SCM-Projekten ein Planungssystem im Supply-Chain-Bereich zu entwickeln, das es dem Praktiker in der Konsumgüterindustrie ermöglicht, sich mit diesem für seine Arbeit so wichtigen Handlungsfeld zu befassen. Auf diesem Fundament ist professionelles S&OP möglich.

Düsseldorf
im August 2018

Dr. Bernhard Höveler

Inhaltsverzeichnis

Über die Autoren

Prof. Dr. Matthias Lütke Entrup ist Hochschulprofessor für Operations Management und Controlling an der International School of Management in Dortmund sowie Mitglied der Geschäftsleitung der HÖVELER HOLZMANN CONSULTING GmbH. Er ist spezialisiert auf die Optimierung des Supply Chain Managements und des Einkaufs. Seine Promotion erlangte der Diplom-Wirtschaftsingenieur an der Technischen Universität Berlin mit einem Thema aus der Nahrungsmittelproduktion. Nach seinem Studium arbeitete Prof. Dr. Matthias Lütke Entrup als Projektleiter bei der Unternehmensberatung A.T. Kearney und als Geschäftsführer Finanzen der Valensina-Gruppe.

Dennis Goetjes arbeitet als Senior Project Manager für die HÖVELER HOLZMANN CONSULTING GmbH sowie als Dozent für Operations Management an der International School of Management in Dortmund. Spezialisiert ist er auf die Optimierung des Supply Chain Managements und des Einkaufs. Seine Expertise konnte Dennis Goetjes durch zahlreiche Optimierungsprojekte in der Konsumgüterindustrie sowie Veröffentlichungen über Themen des Supply Chain Managements in führenden Fach- und Branchenmagazinen untermauern.

Abkürzungsverzeichnis

APE	Absolute Percentage Error
APS	Advanced Planning System
DB	Deckungsbeitrag
CFO	Chief Finance Officer
COO	Chief Operations Officer
CDCM	Collaborative Development Chain Management
CPFR	Collaborative Planning, Forecasting and Replenishment
ECR	Efficient Consumer Response
ERP	Enterprise Ressource Planning
GF	Geschäftsführung
KPI	Key Performance Indicator
MAD	Mean Absolute Deviation
MAPE	Mean Absolute Percentage Error
ME	Mengeneinheit
MHD	Mindesthaltbarkeitsdatum
MTO	Make-to-Order
MTS	Make-to-Stock
NDA	Non Disclosure Agreement
OOS	Out-of-Stock
OTIF	On Time In Full
RFI	Request for Information
RFP	Request for Proposal
RLZ	Restlaufzeit
RMSE	Root Mean Squared Error
ROI	Return on Investment
S&OP	Sales & Operations Planning
SKU	Stock Keeping Unit

SCM	Supply Chain Management
TS	Tracking Signal
VAS	Value Added Services
VICS	Voluntary Interindustry Commerce Standards Association
VMI	Vendor Managed Inventory
WMAPE	Weighted Mean Absolute Percentage Error

Abbildungsverzeichnis

1 Einleitung

Zusammenfassung

Der Aufbau einer marktsynchronen und gleichzeitig kostenoptimalen Supply Chain wird heute durch zahlreiche Effekte wie schnelllebige Märkte, internationale Geschäftsbeziehungen, funktionale Organisationsstrukturen mit abteilungsbezogenem Silodenken und fehlender Datentransparenz erschwert. Durch die Einführung von Best-Practice Sales & Operations-Planning-Prozessen und dem systematischen Abgleich von zukünftiger Kapazitätsanforderung und Kapazitätsnachfrage kann dabei ein Einklang von hoher Lieferfähigkeit, optimierten Beständen und hoher Produktivität hergestellt werden.

Steigende Bestände, immerzu voll ausgelastete Lagerkapazitäten, aber gleichzeitig niedrige Lieferfähigkeit – viele Unternehmen der Konsumgüterindustrie sehen sich mit dieser Herausforderung konfrontiert. Zunehmende Anforderungen des Handels an die Lieferperformance, vielfach schon verbunden mit Strafzahlungen bei Verfehlen vorgegebener Quoten, führen zu zusätzlichem Druck im Unternehmen. Gleichzeitig nimmt aufgrund wachsender internationaler Verflechtung und immer schwieriger zu prognostizierenden Kundenwünschen die Komplexität von Lieferketten (Supply Chain) weiter zu. Das Ziel einer möglichst marktsynchronen und kostenoptimalen Supply Chain mit geringen Beständen bei gleichzeitig hoher Lieferfähigkeit erscheint dabei auf den ersten Blick wie „die Quadratur des Kreises". Die große Herausforderung besteht darin, Marktschwankungen zu antizipieren, mit höchster Reaktionsgeschwindigkeit zu beantworten und dadurch das Unternehmensergebnis zu steigern. Beleuchtet man das Thema ausgehend vom Markt bzw. dem Kunden, über die internen Unternehmensstrukturen bis hin zu den Lieferanten, ergibt sich eine schier grenzenlose Liste an zu bewältigenden Hürden und Zielkonflikten.

M. Lütke Entrup und D. Goetjes, *Sales & Operations Planning in der Konsumgüterindustrie*, https://doi.org/10.1007/978-3-658-22891-0_1

Zuverlässige Informationen über die sich wandelnden Kundenwünsche können auch vom Handel in den meisten Fällen nicht zur Verfügung gestellt werden. Darüber hinaus korreliert die Nachfrage in vielen Sortimenten direkt mit den Verkaufspreisen, wobei ein Informationsaustausch beispielsweise über geplante Preise und Aktionen zwischen Handel und Herstellern der Waren schon aus juristischer Sicht nicht möglich ist. Weiterhin bestehen nur in hoch performanten Supply Chains IT-Schnittstellen zwischen Herstellern und Handelspartnern, um sich gegenseitig in Echtzeit über Absatzpläne, Bestände in Zentrallagern, regionalen Lagern und Filialen oder geplante Ein- und Auslistungen zu informieren.

Ein wesentlicher Zielkonflikt innerhalb der eigenen Unternehmensgrenzen liegt oftmals in der funktionalen Organisationsstruktur. Oberstes Ziel einer Logistikabteilung kann es z. B. sein, die Transport- und Bestandskosten zu reduzieren, wohingegen die Zielsetzung einer Produktionsabteilung in möglichst großen Fertigungslosen liegt, um Rüstkosten einzusparen und die Effizienz der Produktionsanlagen zu steigern. Dies belastet im Gegenzug durch erhöhte Bestände die Kosten. Der Vertrieb wiederum strebt tendenziell höchste Lieferperformance und -geschwindigkeit an, die beispielsweise über erhöhte Transport- und Bestandskosten erkauft werden müssen. Derartige Wechselwirkungen führen regelmäßig zu Interessenskonflikten. Die cross-funktionale Zusammenarbeit und strukturierte Koordination der Zielsetzungen verschiedener Abteilungen mit dem gemeinsamen Ziel, das bestmögliche Ergebnis für das Unternehmen zu erreichen, ist in der Realität vieler Unternehmen noch immer im Entwicklungsstadium. Offensichtliche Zielkonflikte werden zusätzlich verstärkt, wenn fehlende Datentransparenz bzw. -qualität oder fehlende Kennzahlen die Bewertung der monetären Effekte von Entscheidungen auf das eigene Unternehmen nicht vollumfänglich zulassen. Darüber hinaus werden Datenbanken zunehmend unübersichtlicher, fehleranfälliger und bedürfen verstärktem Erzeugungs- und Aufbereitungsaufwand.

Beleuchtet man zusätzlich die Schnittstellen zu zahlreichen Lieferanten, vermehren sich die bereits benannten Hürden. Auch hier sind Echtzeit-Informationen über Bestände oder die kontinuierliche Auskunft über aktuelle Produktions- und Lieferzeiten bei einer weiterhin deutlich erhöhten Anzahl an Einkaufsmaterialien noch immer nicht der Standard. Konzepte wie Vendor Managed Inventory (VMI) oder ausgeprägte Supplier-Collaboration-Ansätze finden in der Praxis in einigen Branchen, wie z. B. der Automobilindustrie sicherlich Anwendung, sind jedoch in der Konsumgüterindustrie nach wie vor nur in Einzelfällen vorzufinden.

Um allein diesen Auszug an Komplexitäten zu bewältigen, sollte es ab einer gewissen Unternehmensgröße und Planungskomplexität eine der wichtigsten Zielsetzungen sein, Best-Practice im Bereich des Sales & Operations Planning (S&OP) zu erreichen. Eines der Kernelemente in diesem Zusammenhang ist die Absatzprognose als Grundlage für strategische Entscheidungen und operative Prozesse. Je höher die Vorhersagegenauigkeit und damit die Planungsqualität eines Unternehmens ist, desto wirtschaftlicher können die vorhandenen Ressourcen eingesetzt und desto besser können Kundenbedarfe befriedigt werden. Wer den Absatzplanungsprozess messbar im Griff hat, schafft im Ergebnis eine verlässliche Basis, auf der alle nachgelagerten Prozessbeteiligten aufbauen können, ohne dass „Trouble Shooting" den Geschäftsalltag bestimmt. Doch wie schon Churchill wusste, sind „Prognosen besonders schwierig, wenn diese in die Zukunft gerichtet sind" (Quelle: C. Lebrenz – Strategie und Personalmanagement: Konzepte und Instrumente zur Umsetzung im Unternehmen. Springer Gabler 2017), sodass eine Absatzplanung mit hoher Treffgenauigkeit in vielen Unternehmen bis dato mehr Wunschvorstellung als Realität ist.

Die Idee des S&OP ist bereits mehr als 30 Jahre alt, wobei es schon damals darum ging, die Planung und Steuerung von Warenströmen so effektiv und effizient wie möglich zu gestalten und die Nachfrage (Demand) sowie deren Befriedigung (Supply) zu vereinen. S&OP ist als integrierter Geschäftsprozess zu verstehen, welcher ausgehend von der Absatzprognose das Ziel verfolgt, einen planerischen Einklang von hoher Lieferfähigkeit, optimierten Beständen und hoher Produktivität in der gesamten oder im ersten Schritt zumindest der internen Supply Chain zu erreichen. In der Regel wird der S&OP-Prozess in einem monatlichen Rhythmus durchlaufen und involviert verschiedene Abteilungen, um eine abteilungsübergreifende Unternehmenssteuerung sicherzustellen. In einem strukturierten S&OP-Prozess werden auf Basis der Absatzprognose alle weiteren Pläne, wie z. B. Kapazitäts-, Produktions-, Bestands-, oder Neuproduktentwicklungspläne sowie später auch der Finanzplan abgeleitet. Hierbei müssen Planungsintervalle und -horizonte sowie die operative Feinplanung auf die Spezifika des Geschäftsumfelds ausgerichtet sein. Der gesamte S&OP-Prozess wird in einzelnen Abteilungen mit entsprechender Systemunterstützung hinterlegt und bedarf der kontinuierlichen Überprüfung und Messung mittels ausgewählter Kennzahlen. So gelten ein gut aufgesetzter S&OP-Prozess unter Einbezug der notwendigen Hilfsmittel, wie z. B. statistischer Prognose-Methoden in der Absatzplanung oder Planungstafeln in der Produktionsplanung, und die Etablierung eines abteilungsübergreifenden Meetings mit Top-Management-Einbindung als effektive Maßnahmen zur signifikanten Verbesserung der Performance der internen Supply Chain. Eine der größten Herausforderungen liegt hierbei stets darin, alle operativen Pläne in sämtlichen involvierten Unternehmensfunktionen aufeinander abzustimmen und einen ergebnisoptimalen Gesamtplan mit unternehmensweiter Gültigkeit sicherzustellen.

In diesem Buch wird daher der Themenkomplex S&OP im Detail beleuchtet und eine Vorstellung vermittelt, wie ein strukturierter S&OP-Prozess ausgestaltet und eingeführt werden kann. Der Fokus liegt dabei auf der internen Supply Chain, da dies der erste Schritt einer umfassenden S&OP-Optimierung darstellt und durch Bewältigung der Planungskomplexitäten innerhalb des eigenen Unternehmens bereits deutliche Optimierungspotenziale gehoben werden können. Die unternehmensübergreifende Optimierung der gesamten Supply Chain erfolgt in der Regel dann, wenn ein S&OP-Prozess auf Best-Practice-Level im eigenen Unternehmen etabliert ist.

Quick-Check – Bewerten Sie sich selbst: Wie beurteilen Sie den S&OP-Prozess in Ihrem Unternehmen?

Stage 1 – Beginner:

- Kein formaler S&OP-Prozess implementiert
- Unstrukturierte, nicht abgestimmte Entscheidungen
- Top Management ist nicht involviert

Stage 2 – Basic:

- Dezentraler S&OP-Prozess, Verantwortung in Funktionsbereichen
- Geringes Maß an Koordination über Abteilungsgrenzen hinweg
- Geringe Top-Management-Unterstützung
- Entscheidungen von Abteilungsinteressen geprägt

Stage 3 – Advanced:

- Zentrale Stelle koordiniert und verantwortet den S&OP-Prozess
- Informationen relevanter Abteilungen werden konsolidiert
- Top Management regelmäßig involviert
- Entscheidungen teilweise, aber nicht immer im Gesamtoptimum des Unternehmens

Stage 4 – World Class:

- Zentral gesteuerter S&OP-Prozess dokumentiert und konsequent eingehalten
- Starke Top-Management-Unterstützung
- Interdisziplinäre Entscheidungen im Gesamtoptimum des Unternehmens

Ziele und Nutzen von Sales & Operations Planning 2

Zusammenfassung

Die übergeordnete Zielsetzung von S&OP ist es, ein unternehmensweites Optimum im Einklang von Demand und Supply durch Abstimmung aller relevanten Planungsbereiche der Supply Chain herzustellen. Zu diesem Zweck werden Entscheidungen durch Schaffung von Prozess- und Datentransparenz, einer stark ausgeprägten cross-funktionalen Zusammenarbeit sowie harmonisierten Planungswelten auf Basis einer einheitlichen, gemeinschaftlichen Planungsbasis getroffen. Im Ergebnis werden durch S&OP zahlreiche quantifizierbare und nicht-quantifizierbare Nutzeneffekte im Unternehmen realisiert.

Das oberste Ziel von S&OP ist die Realisierung einer marktsynchronen und kostenoptimalen Supply Chain im Einklang zwischen Demand und Supply (siehe Abb. 2.1; Dougherty und Gray 2006).

Zur Erreichung dieser Zielsetzung müssen alle zugrunde liegenden operativen Planungsbereiche, wie z. B. die Absatz-, die Bestands-, die Produktions- und die Materialplanung, innerhalb eines Unternehmens aufeinander abgestimmt werden. Ein ausbalanciertes Verhältnis zwischen der Nachfrage und den Warenströmen sowie den vorhandenen Kapazitäten sollte das Ergebnis der gemeinsamen Bestrebungen der Supply-Chain-Beteiligten zum Erreichen eines unternehmensweiten Optimums sein. Individuelle Interessen einzelner Beteiligter müssen hierbei in den Hintergrund gestellt werden. Um dieses übergeordnete Ziel erreichen zu können, verfolgt S&OP mehrere Unterziele (Singh 2011):

Prozess- und Datentransparenz innerhalb der Supply Chain. Hierbei sollten die Leistungsstände aller Abteilungen mittels Reporting relevanter Kennzahlen transparent gemacht und Zielwerte sowie akzeptable Toleranzen definiert werden. Die Über- oder Unterschreitung definierter Toleranzbereiche kann unmittelbare Maßnahmen auslösen, sodass mit hoher Reaktionsgeschwindigkeit eine Gegensteuerung stattfindet. Des Weiteren

M. Lütke Entrup und D. Goetjes, *Sales & Operations Planning in der Konsumgüterindustrie,* https://doi.org/10.1007/978-3-658-22891-0_2

Abb. 2.1 Einklang Demand & Supply

gilt es, Prozesskosten entlang der Supply Chain und somit monetäre wie auch qualitative Effekte von Entscheidungen auf Prozessbereiche im Gesamtkontext des Unternehmensergebnisses zu bewerten. Durch Prozess- und Datentransparenz können strategische Entscheidungen auf Basis von Zahlen, Daten und Fakten und losgelöst von „Bauchgefühl" und Emotionen getroffen werden.

Cross-funktionale Zusammenarbeit im Unternehmen, um in Entscheidungsprozessen weniger auf Abteilungsoptima, als vielmehr auf ein Gesamtoptimum unter Einbeziehung aller relevanten, cross-funktionalen Bewertungskriterien hinzusteuern. Die Leistungsstände sowie Maßnahmen zur Gegensteuerung bei unzureichenden Leistungen unterliegen einer fortlaufenden interdisziplinären Diskussion, durch die vermieden wird, dass Individualinteressen eine Entscheidung dominieren. Der stetige Austausch in interdisziplinären Teams und die gegenseitige Transparenz sollen dazu führen, dass Entscheidungen auch zulasten einzelner Supply-Chain-Teilnehmer getroffen werden können, wenn die negativen Effekte durch positive Effekte in anderen Supply-Chain-Bereichen überkompensiert werden.

Einheitliche Planungen in allen Abteilungen ohne abteilungsinterne Schattenplanungen mit dem Ergebnis von unkontrollierbaren Über- oder Unterbeständen. Eines der Ziele der S&OP-Bemühungen ist es, dass alle Unternehmensbereiche auf einer gemeinschaftlich verabschiedeten Planungsbasis aufsetzen, welche versucht, die Realität so exakt wie möglich abzubilden. Unabgestimmte Sicherheitspuffer in einzelnen Bereichen der Prozesskette oder politische Einflüsse in den Planungswelten gilt es strikt zu vermeiden.

Die konsequente Umsetzung der beschriebenen Unterziele bildet die Basis für erfolgreiches S&OP und befähigt ein Unternehmen, den größtmöglichen Nutzen von S&OP zu erzielen. Der Nutzen eines gut strukturierten, effektiv und effizient durchgeführten S&OP-Prozesses ist vielfältig (Sheldon 2006; Tinker 2015). S&OP auf Best-Practice-Level führt im Ergebnis zu einem optimierten Dreiklang zwischen den in Abb. 2.2 dargestellten quantitativen Nutzen Umsatzwachstum, Kostenreduktion und Working Capital Reduktion:[1]

[1]Wie konkret S&OP-Prozesse umgesetzt wurden und welche konkreten Ergebnisse und Verbesserungen dabei erreicht werden konnten, beleuchten Dougherty und Gray (2006) umfassend anhand von 13 Fallstudien, u. a. Coca-Cola und Danfoss.

Abb. 2.2 Quantitativer Nutzen S&OP

Umsatzwachstum durch gesteigerte Reaktionsgeschwindigkeit und Lieferfähigkeit, einer Reduktion von Out-of-Stock-Situationen (OOS), optimierten Rahmenbedingungen bei Neuprodukteinführungen und effektivere Aktionen/Promotions aufgrund präziser Planungen.

Kostenreduktion durch die Verringerung von Materialkosten aufgrund optimierter Bestellzeitpunkte und -mengen, die Reduktion von Frachtkosten aufgrund frühzeitiger Avisierung und Sicherung von Frachtraum, die Reduktion von Personalkosten durch produktivere und zielorientierte Arbeitsabläufe und eine Reduktion fixer und variabler Produktionskosten durch erhöhte Produktionseffizienz und optimierte Maschinenauslastungen.

Working Capital Reduktion durch eine Verringerung von Fertigwarenbeständen auf Basis einer höheren Absatzplanungsgenauigkeit und einer gezielten Reichweitensteuerung von Beständen sowie eine Optimierung der Zwischenprodukt- und Rohmaterialbestände durch verzahnte Planungswelten zwischen Demand und Supply.

Zusätzlich ergeben sich durch professionelles S&OP neben den aufgeführten quantitativen Nutzen ebenso wertvolle qualitative Nutzen (siehe Abb. 2.3):

Abb. 2.3 Qualitativer Nutzen S&OP

Verbesserte Kommunikation durch eine regelmäßige und strukturierte Plattform des Austauschs der verschiedenen Unternehmensbereiche. Ein strukturierter S&OP-Prozess ersetzt unregelmäßige und unstrukturierte Kommunikationsformen über verschiedene Medien, wie z. B. Telefon, E-Mail oder Zuruf, bei welchen nur vereinzelte Informationsträger relevantes Know-how erhalten und einer Vielzahl an Prozessbeteiligten wichtige Informationen vorenthalten sind.

Gesteigertes Teamwork, aufbauend auf der verbesserten Kommunikation und gefördert durch eine vereinheitlichte Sichtweise auf das Gesamtziel des Unternehmens, der Verbesserung des Unternehmensergebnisses. Das gegenseitige Verständnis für angrenzende Bereiche der Supply Chain wird durch verstärkte Zusammenarbeit, kontinuierliche cross-funktionale Diskussion und Moderation stark gefördert, sodass ein besseres Teamgefüge ein Ergebnis einer erfolgreichen Implementierung von S&OP ist.

Optimierte Entscheidungen durch kontinuierlichen Austausch, gesteigerten cross-funktionalen Zusammenhalt und Transparenz von vorab festgelegten Key Performance Indicators (KPI). Je besser Kommunikation, Teamwork und Datentransparenz im Unternehmen sind, desto klarer lassen sich Verantwortlichkeiten ableiten und desto einfacher können die richtigen Entscheidungen getroffen werden. In diesem Zusammenhang führt insbesondere die regelmäßige Kommunikation ausgewählter KPIs, wie beispielsweise die Prognosegüte einzelner Vertriebsmitarbeiter, die Lieferperformance von Logistikdienstleistern, die Produktionsperformance einzelner Anlagen oder die Materialverfügbarkeit im Einkauf im Unternehmen dazu, dass jede Abteilung in der Verantwortlichkeit steht, ihren Teilbereich bestmöglich zu steuern, sodass die gemeinschaftlichen Zielsetzungen erreicht werden können.

Literatur

Dougherty J, Gray C (2006) Sales & operations planning – best practices. Trafford, Victoria

Sheldon DH (2006) World class sales & operations planning. Ft. Lauderdale, Ross

Singh H (2011) Enhancing your supply chain – a practical guide for improving sales and operations planning. Arkieva, Wilmington

Tinker EJ (2015) Sales & operations planning results – find, measure, and manage results throughout your supply chain. Pace, New York

Sales & Operations Planning-Prozess 3

Zusammenfassung

Ein strukturierter S&OP-Prozess findet in einem konstanten zeitlichen Rhythmus und mit klar definierten Prozessabläufen und Prozessvorgaben statt, sodass eine organisatorische Lernkurve im Zeitablauf hohe Effektivität und Effizienz bei der Durchführung aller Aktivitäten garantiert. Hierbei bildet die Absatzprognose auf einer für das Unternehmen optimalen Aggregationsebene unter Einsatz der richtigen statistischen Methoden und unter Einbeziehung von relevantem Vertriebs-Know-how die Basis von S&OP. Für die Vorbereitung des Herzstücks eines S&OP-Prozesses – dem S&OP-Meeting – werden zusätzlich alle vordefinierten Agendapunkte des S&OP-Meetings aufbereitet. Die anschließende Durchführung des S&OP-Meetings unter Einbeziehung des Top Managements resultiert in unternehmensweit gültigen Planungen für die nächste Planungsperiode sowie in Maßnahmen, die zur Erfüllung der prognostizierten Nachfrage erforderlich sind.

3.1 Der Prozess im Überblick

S&OP ist als strukturierter Prozess im zumeist monatlichen Rhythmus zur abteilungsübergreifenden Unternehmenssteuerung zu verstehen und lässt sich nicht ausschließlich über die Etablierung eines S&OP-Meetings definieren. Um die Ziele von S&OP erreichen zu können und den größtmöglichen Nutzen von S&OP zu erzielen, sollte ein S&OP-Prozess konzipiert und in der Organisation verankert werden. Über die Routine von sich monatlich wiederholenden Prozessabläufen können die organisatorische Lernkurve verbessert und hohe Effektivität und Effizienz in der Bearbeitung von Aufgabenpaketen sichergestellt werden. Zusätzliche konkrete Vorgaben entlang des Prozesses spiegeln sich nach ausreichender Anwendungsdauer in verbesserten Planungsergebnissen

M. Lütke Entrup und D. Goetjes, *Sales & Operations Planning in der Konsumgüterindustrie*, https://doi.org/10.1007/978-3-658-22891-0_3

wider. Solche Vorgaben können beispielsweise die klare Definition von Verantwortlichkeiten, die Nutzung von spezifischen Softwareanwendungen, die Erstellung von Absatzprognosen auf einem definierten Aggregationslevel, der Abgleich von Kapazitäten oder die Ableitung von Bedarfen in den Bereichen Vertrieb, Logistik, Produktion und Einkauf sowie die Messung und Kommunikation von Planungsqualitäten auf verschiedenen Ebenen betreffen.

Die Durchlaufzeit des S&OP-Prozesses beträgt in der Regel einen Monat, wobei das Kernstück des S&OP-Prozesses – das S&OP-Meeting – typischerweise in der zweiten oder dritten Woche des Monats stattfindet. Im Rahmen des Zeithorizonts eines S&OP-Prozesses sollten für jede Aktivität klare terminliche Vorgaben definiert werden, auf die sich alle Abteilungen verlassen können. Damit der Ablauf unabhängig von unterschiedlichen Monatslängen und Feiertagen ist, sollten konkrete Zeitpunkte anhand von Arbeitstagen festgelegt werden.

Ein grundlegender S&OP-Prozess kann aus fünf Schritten bestehen (siehe Abb. 3.1) und sich im Detail je Unternehmen und Unternehmensumfeld unterscheiden, sodass individuelle und unternehmensabhängige Rahmenbedingungen Berücksichtigung finden sollten. Alternative Prozessbeschreibungen finden sich beispielsweise in Sheldon (2006); Dougherty und Gray (2006); Singh (2011) oder Tinker (2015). Die angegebene Dauer der einzelnen Schritte ist ebenfalls als grober Rahmen zu verstehen und unter anderem davon abhängig, wie hoch die Vertriebskomplexität des Unternehmens ist (z. B. Artikel- oder Kundenanzahl).

1. Schritt – Ermittlung statistischer Forecast:
Die Basis von S&OP bildet die Absatzprognose, welche für die Planung von zukünftigen Kundenaufträgen unabdingbar ist. Da mittels einer Prognose im sarkastischen Sinne lediglich der Zufall (eine nicht prognostizierte Zukunft) durch Irrtum (eine prognostizierten Zukunft) ersetzt wird, sollte der Prognosefehler, also der Irrtum, auf ein Minimum reduziert werden. Ein hoher Prognosefehler spiegelt sich ansonsten in allen Planungsebenen des S&OP-Prozesses wider und beeinflusst die Zielerreichung einer marktsynchronen Supply Chain im negativen Sinne. Aus diesem Grund wird im ersten Schritt des S&OP-Prozesses eine statistische Prognose ermittelt. Damit statistische Methoden eingesetzt werden können, bedarf es der Generierung und anschließenden Aufbereitung von Vergangenheitsdaten. Diese umfassen die Absätze des gesamten Artikelsortiments und sollten mindestens über drei Jahre in die Vergangenheit zurückblicken, da die Statistik nur über mehrere Perioden wiederkehrende Absatzverläufe, wie z. B. saisonale Schwankungen, zuverlässig identifizieren kann.

In modernen Softwarelösungen zur Bestimmung statistischer Prognosen können neben den reinen Absatzdaten auch zahlreiche Einflussfaktoren, wie z. B. Aktionen/Promotions in verschiedenen Ausprägungen oder das Wetter Berücksichtigung finden, um die Prognosequalität zu steigern. Um eine derartige Softwarelösung oder auch intern programmierte Anwendungslösungen mit Vergangenheitsdaten zu versorgen, müssen diese adäquat aufbereitet und über automatisierte Schnittstellen mittels Datenupload übergeben werden.

Abb. 3.1 Übersicht S&OP Prozess

Bei der Ermittlung der Absatzprognose mit einer Softwarelösung können automatisch für jeden Artikel des Produktsortiments zahlreiche Algorithmen getestet und der jeweils beste Algorithmus für die Prognose eines Artikels ausgewählt werden. Dieser kann sich je nach individuellen Absatzverläufen selbst bei vermeintlich ähnlichen Artikeln unterscheiden. Ebenfalls automatisch erfolgen kann die Adjustierung der Parameter einzelner

Prognosemethoden. Bereits in diesem Schritt der Prognoseermittlung sollte eine stetige Überwachung und Optimierung der eingesetzten statistischen Methoden stattfinden. Neben der Auswahl der richtigen Methode und der Einstellung der Parameter gilt es, die richtige Aggregationsebene zur Erstellung einer Absatzprognose zu definieren. Dabei gibt es grundsätzlich – in Abhängigkeit der ausgewählten Aggregationsebene – zwei Möglichkeiten (siehe Abb. 3.2):

Absatzprognose auf hoher Aggregationsebene (z. B. Produktgruppe) und anschließende Disaggregation:
Nach Erstellung einer Prognose auf einer hohen Aggregationsebene kann diese anschließend anhand eines Verteilungsschlüssels auf die darunterliegenden Ebenen disaggregiert werden. Zur Disaggregation kann beispielsweise die prozentuale Artikelverteilung unterhalb der Aggregationsebene des abgelaufenen Jahres, Quartals oder Monats Verwendung finden. Die konkrete Auswahl der Logik zur Disaggregation ist abhängig von individuellen Absatzverläufen und muss mit Sorgfalt entschieden und fortlaufend überprüft werden.

Absatzprognose auf niedriger Aggregationsebene (z. B. Artikel) und anschließende Aggregation:
Nach Erstellung einer Prognose auf einer niedrigen Aggregationsebene kann diese anschließend anhand der Produktgruppenstruktur in eine Aggregation auf alle höheren Aggregationsebenen kumuliert werden. Intuitiv erscheint diese Methode präziser, in der Praxis kann jedoch die mathematische Absatzprognose auf einer höheren, ggf. konstanteren Aggregationsebene mit geringem Prognosefehler bei anschließender Disaggregation durchaus zu besseren Ergebnissen als die Prognose auf Artikelebene mit anschließender Aggregation führen.

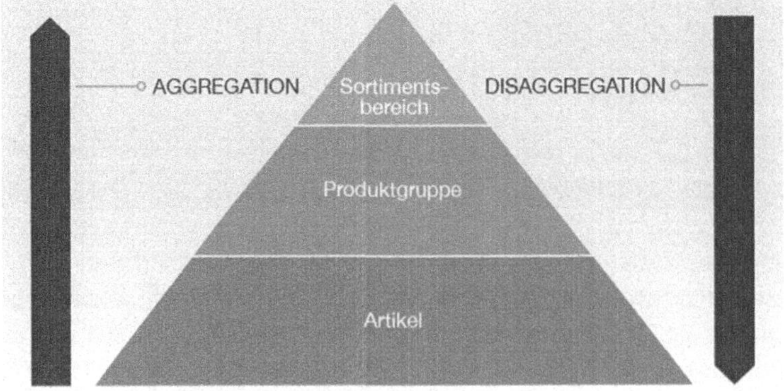

Abb. 3.2 Aggregationsebenen Prognosen

Die Auswahl der richtigen Prognoseebene sollte nicht von subjektiver Intuition, sondern ausschließlich von der mathematisch ermittelten Prognosequalität abhängig gemacht werden. Die Intuition ausgewählter Mitarbeiter kann jedoch dazu genutzt werden, die Auswahl an Möglichkeiten einzuschränken, für welche die bestmögliche Prognoseebene mathematisch belegt werden soll. Ist die statistische Prognose ermittelt, gilt es die Daten in adäquater Form zu extrahieren und dem Vertrieb zur Überprüfung und weiteren Verarbeitung zur Verfügung zu stellen.

Quick-Check – Bewerten Sie sich selbst: Auf welchem Detaillierungsgrad führen Sie in Ihrem Unternehmen die Absatzplanung durch?

Stage 1 – Beginner:

- Grobplanung pro Produktgruppe und Standort

Stage 2 – Basic:

- Prognoseerstellung für alle Stock Keeping Units (SKU), Produktions- und Lagerstandorte
- Aggregationen und Disaggregationen zum Teil möglich

Stage 3 – Advanced:

- Prognoseerstellung für alle SKU, Produktions- und Lagerstandorte und Kunden
- Aggregationen und Disaggregationen in die meisten Ebenen möglich

Stage 4 – World Class:

- Prognoseerstellung für alle SKU, Produktions- und Lagerstandorte, Verkaufsgebiete und Kundenhierarchie-Ebenen
- Aggregationen und Disaggregationen in allen Ebenen möglich

2. Schritt – Überarbeitung Forecast:
Die statistische Absatzprognose liefert die Basisprognose, welche vom Vertrieb verfeinert und überarbeitet werden muss. Dabei werden die Ergebnisse der statistischen Prognose für jedes Vertriebsgebiet oder jeden Kunden des jeweils zuständigen Vertriebsmitarbeiters plausibilisiert und wenn nötig angepasst. Diese Korrektur geschieht auf einer für den Mitarbeiter sinnvollen Aggregationsebene und muss nicht zwangsläufig auf der Artikelebene oder der Ebene der Durchführung der statistischen Prognose selbst stattfinden. Eine Korrektur ist immer dann sinnvoll, wenn die statistisch verarbeiteten Vergangenheitsdaten die aktuelle Absatzsituation nicht mehr widerspiegeln. Dies

kann aus verschiedenen Gründen, wie z. B. der Einführung von neuen Produkten, der Akquise neuer Kunden oder Preisveränderungen im eigenen Unternehmen bzw. durch die Konkurrenz der Fall sein. Nach einer ersten Plausibilisierung wird die mathematische Absatzprognose durch relevantes Vertriebs-Know-how angereichert (zum Beispiel in Form von Mengenverschiebungen von einem Monat in einen anderen Monat oder der Berücksichtigung von Aktionen/Promotions eines Kunden).

Je nach Softwarelösung zur statistischen Planung können Aktivitäten wie Aktionen/Promotions auch bereits bei der Ermittlung der statistischen Absatzprognose eingeplant werden. Zu diesem Zweck müssten vergangene Aktionen/Promotions gekennzeichnet und charakterisiert (z. B. TV-Werbung, Radio-Werbung oder Handzettel-Werbung) sowie neue Aktionen/Promotions für die Zukunft inklusive der entsprechenden Charakterisierung geplant werden. Nicht nur aus diesem Grund ist eine adäquate technische Unterstützung des Vertriebs bei der Prognoseerstellung sinnvoll und oftmals unabdingbar. Mithilfe einer Softwarelösung sollte der Vertrieb die Möglichkeit haben, die statistische Absatzprognose auf allen relevanten Aggregationsebenen zu sichten und anzupassen, da die praktikabelste Planungsebene je nach Vertriebsmitarbeiter und Sortiment stark variieren kann. Des Weiteren bietet es sich an, dass Veränderungen durch den Vertriebsmitarbeiter über absolute (z. B. in Stück) sowie relative (in %) Mengenangaben vorgenommen und verarbeitet werden können. Hat jeder Vertriebsmitarbeiter seine Anpassungen an der Absatzprognose vorgenommen, kann die zusammengeführte Planung auf einer aggregierten Ebene durch die Vertriebsleitung plausibilisiert und wenn nötig ein weiteres Mal korrigiert und schließlich verabschiedet werden. Die Verabschiedung erfolgt je nach Komplexität im Rahmen eines Vertriebsmeetings zur Durchsprache der Absatzprognose für die nächste Planungsperiode.

Die verabschiedete Vertriebsprognose ist ein wesentlicher Baustein für das S&OP-Meeting und wird in häufigen Fällen unmittelbar, noch vor dem eigentlichen Meeting, allen Teilnehmern zur Verfügung gestellt. Dies ist wichtig, damit die Meeting-Teilnehmer sich in Vorbereitung auf das S&OP-Meeting frühzeitig mit den geplanten Absätzen auseinandersetzen und die Einflüsse auf die eigene Abteilung prüfen können, um in Engpasssituationen entsprechende Maßnahmen direkt einzuleiten oder im S&OP-Meeting zur Diskussion zu stellen.

3. Schritt – Vorbereitung S&OP-Meeting:
Das S&OP-Meeting bedarf einer strukturierten Vorbereitung, damit alle Entscheidungsgrundlagen im Vorfeld gelegt werden. Die entsprechende Vorbereitung auf das S&OP-Meeting umfasst zum einen den Aufgabenkomplex „S&OP-Meeting" und die Aufbereitung der entsprechenden Daten und Unterlagen. Zum anderen ist ebenfalls im Vorfeld zum S&OP-Meeting bereits eine erste Kapazitätsvalidierung im Rahmen eines operativen Supply Planning durchzuführen.

Die eigentliche Aufbereitung der Agendapunkte findet schwerpunktmäßig durch die jeweils betroffene Fachabteilung selbst statt, sollte jedoch durch eine zentrale Stelle sichergestellt und koordiniert werden. Diese zentrale Funktion versteht sich innerhalb des **S&OP-Meetings** als Moderator und außerhalb des S&OP-Meetings als Project Office und sorgt in dieser Funktion dafür, dass z. B. im Meeting verabschiedete To-dos rechtzeitig abgearbeitet und relevante Ergebnisse für das nächste Meeting aufbereitet und vorgestellt werden. Weiterhin wird sichergestellt, dass für alle im S&OP-Meeting beleuchteten Bereiche die Datenaufbereitung in adäquater Form vorgenommen und definierte KPIs auf Ausreißer außerhalb festgelegter Toleranzen hin überprüft werden. Sollten hierbei wesentliche Auswirkungen auf eine oder mehrere Fachabteilungen identifiziert werden, ist dies ein Diskussionspunkt für das S&OP-Meeting. Nachdem einzelne Agendapunkte und Maßnahmenpakete in den Fachabteilungen vorbereitet wurden, werden diese durch das Project Office konsolidiert und zur Erstellung der S&OP-Unterlage verwendet. Die S&OP-Unterlage wird ebenfalls noch vor dem S&OP-Meeting allen Teilnehmern zur Verfügung gestellt. Auf diese Weise können sich die Meeting-Teilnehmer bereits im Vorfeld mit Auffälligkeiten auseinandersetzen, sodass das eigentliche S&OP-Meeting mit größtmöglicher Effizienz durchgeführt werden kann.

Der Aufgabenkomplex des **operativen Supply Planning** beinhaltet im Wesentlichen den Abgleich der Vertriebsprognose mit den vorhandenen Kapazitäten und die Ableitung von Maßnahmen zur Sicherstellung der Plan-Absatzmengen in allen Fachabteilungen. Hierbei werden signifikante Veränderungen in Plan-Absatzmengen, in Kundenaufträgen oder Beständen im Vergleich zu den Vormonatsplanungen fokussiert. Sind keine großen Veränderungen gegeben, können die operativen Pläne einer Fachabteilung fortgeführt werden. Sind hingegen signifikante Veränderungen im Vormonatsvergleich zu erkennen, müssen die operativen Pläne angepasst und Maßnahmen zur Sicherstellung der geforderten Prognosemengen eingeleitet werden. So wird die Gewährleistung der geplanten Absatzmengen geprüft. Können die geplanten Mengen mit den Kapazitäten innerhalb eines Funktionsbereichs nicht ausreichend oder nur zu signifikant höheren Kosten als im Regelfall bedient werden, ist dies ein wichtiger Diskussionspunkt für das S&OP-Meeting, um innerhalb des Meetings eine Entscheidung im Zwiespalt zwischen Supply und Demand herbeizuführen.

Das S&OP-Meeting selbst wird als Plattform für Managemententscheidungen verstanden. In Vorbereitung auf das Meeting werden deshalb die entscheidungsrelevanten Daten adäquat aufbereitet und konkrete Lösungsvorschläge durch die Verantwortlichen generiert, um diese dem Management vorstellen zu können.

4. Schritt – Durchführung S&OP-Meeting:
Die Durchführung des S&OP-Meetings ist zentraler Bestandteil des S&OP-Prozesses, da in diesem Meeting kurzfristige Maßnahmen festgelegt und die Weichen für die nächsten Monate gestellt werden. Ein detaillierter Einblick in die Grundlagen der Einführung eines S&OP-Meetings wird in Abschn. 3.2 gegeben. Vorab ist es wichtig zu verstehen, dass das S&OP-Meeting keine Plattform zum Austausch über das Tagesgeschäft darstellt, sondern sich mit signifikanten Ausnahmen und Problemen beschäftigt, welche einen Einfluss auf die Erfüllung der Nachfrage haben und über die Einbeziehung des Top Managements gelöst werden sollen. Es sollten also nur Abweichungen zum Regel-

fall besprochen werden. Lösungen im Rahmen bekannter Richtlinien und allgemeiner Vorgaben können weiterhin autark durch die Fachabteilungen herbeigeführt werden. Ein weiterer Schwerpunkt liegt darin, Abteilungsinteressen gegeneinander abzuwägen und gemeinschaftliche Entscheidungen zu treffen. Das S&OP-Meeting ist normalerweise für eine Zeitdauer von weniger als drei Stunden angesetzt, da die Detailarbeit im Prozess und nicht im Meeting selbst stattfindet. In eingespielten Organisationen kann der Zeitbedarf weniger als eine Stunde betragen.

Das S&OP-Meeting beinhaltet die Durchsprache und Diskussion der offenen Punkte aus vorherigen Meetings sowie der S&OP-Agenda. Offene Themenfelder aus vorherigen Meetings werden durch den jeweiligen Maßnahmenverantwortlichen derart vorgestellt, dass durch Einbeziehung des Managements finale Lösungen initiiert werden können. Ziel ist es, Themen abzuschließen und nur wenn nötig in den nächsten Monat und somit das nächste S&OP-Meeting zu übertragen. Über eine strukturierte und im besten Fall statische Agenda (eine beispielhafte Agenda wird in Abb. 3.4 vorgestellt) wird weiterhin die Performance der abgelaufenen Monate aller wesentlichen Bereiche beleuchtet. Hierbei werden wiederum Ausreißer fokussiert und weniger die Erreichung einer definierten Zielperformance besprochen. Inhalt des S&OP-Meetings ist es, KPI-Ausprägungen außerhalb festgelegter Toleranzen zu analysieren, welche für die Folgemonate einen Effekt auf den Einklang zwischen Supply und Demand haben könnten. Auf diese Weise wird versucht, abteilungsübergreifend Engpässe zu identifizieren, die eine Auswirkung auf die Erfüllung der Vertriebsprognose haben. Ebenso sind an dieser Stelle die Fachabteilungen angehalten zusätzliche operative Restriktionen einzubringen, welche in der Vorbereitung des S&OP-Meetings identifiziert wurden.

Kann die Absatzplanung aufgrund signifikanter Restriktionen in einzelnen Fachabteilungen nicht gewährleistet werden, müssen Maßnahmen zur Gegensteuerung getroffen werden. Die Definition von Maßnahmenpaketen geht mit der Festlegung von Maßnahmenverantwortlichen einher, welche innerhalb der nächsten Planungsperiode an einer Lösung arbeiten, um die Erreichung der Absatzprognose sicherzustellen. Kann keine Lösung im Supply-Bereich hergestellt werden, muss die Absatzprognose angepasst werden. Die Anpassung führt in der Regel dazu, dass die Vertriebsabteilung in die Kommunikation mit dem Kunden treten muss, um frühzeitig gemeinsam an alternativen Absatzszenarien zu arbeiten. Ergebnis des S&OP-Meetings sind daher die Verabschiedung einer unternehmensweit gültigen Absatzprognose sowie ein Ergebnisprotokoll mit allen besprochenen Themen, den definierten Maßnahmen sowie den zugehörigen Verantwortlichkeiten und Zeitvorgaben.

5. Schritt – Nachbereitung S&OP-Meeting:
Die Nachbereitung des S&OP-Meetings beginnt mit dem Versand des Ergebnisprotokolls sowie der unter Umständen angepassten S&OP-Unterlage. Aufgabe der zentralen Stelle zur Koordination des S&OP-Prozesses (Project Office) ist es nun, die termingerechte Bearbeitung aller To-dos und Maßnahmenpakete sicherzustellen und die Maßnahmenverantwortlichen im Bedarfsfall bei der Bearbeitung zu unterstützen. Oberstes Ziel im

Nachgang des S&OP-Meetings ist es, abteilungsübergreifend die Erfüllung der im S&OP-Meeting verabschiedeten Absatzprognose im operativen Tagesgeschäft sicherzustellen.

3.2 S&OP-Meeting

Wie im vorherigen Kapitel erläutert, ist das S&OP-Meeting Kern eines strukturierten S&OP-Prozesses und bietet als sich zyklisch wiederholende Führungskonferenz eine Entscheidungsplattform mit den Hauptzielen, einen unternehmensweiten und realisierbaren Absatzplan zu verabschieden und Maßnahmen zu definieren, um die Erreichung der Absatzplanmengen sicherzustellen. Der Fokus dieser Plattform gilt weniger dem allgemein bekannten Tagesgeschäft, als vielmehr Ausreißern und Ausnahmen innerhalb eines Monats (Management by Exception). Bei der Einführung des S&OP-Meetings sollten die im Folgenden aufgeführten Grundlagen Berücksichtigung finden (Abb. 3.3).

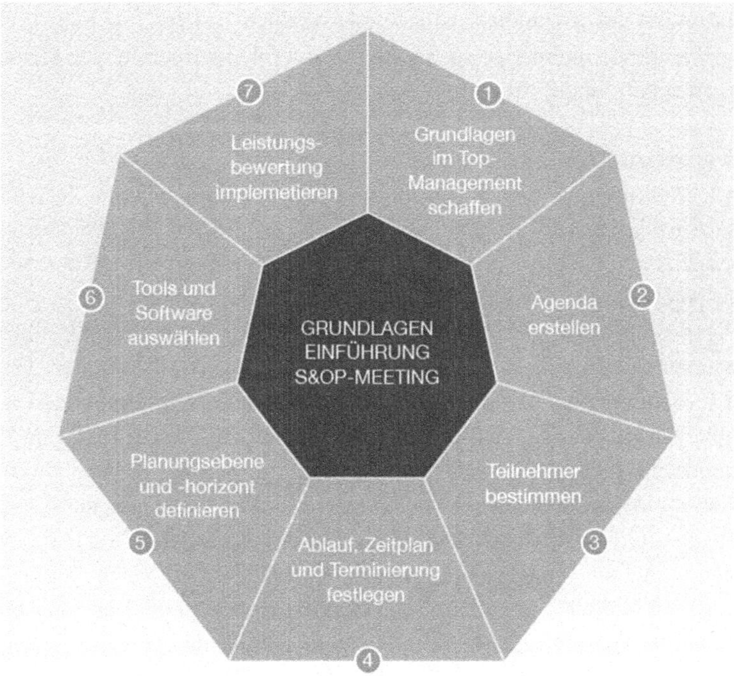

Abb. 3.3 Grundlagen Einführung S&OP-Meeting

1. Grundlagen im Top Management schaffen:
Der Themenkomplex des S&OP bedarf der vollen Unterstützung des Top Managements. Hierbei sollte auf höchster Hierarchieebene Klarheit über Zielsetzung, Nutzen und Ablauf des S&OP-Meetings geschaffen und ein Ansprechpartner der Führungsriege identifiziert werden, welcher sich dem S&OP-Meeting annimmt. Es ist unabdingbar, dass mindestens ein Teilnehmer der regelmäßigen S&OP-Sitzungen der obersten Führungsebene entstammt; oftmals wird hier der Chief Finance Officer (CFO) oder der Chief Operations Officer (COO) gewählt. Die konkrete Auswahl liegt jedoch an den spezifischen Unternehmensstrukturen und an den individuellen Fähigkeiten und Affinitäten der Führungspersönlichkeiten. Die ausgewählte Person sollte bei allen Meetings anwesend sein und für den Fall der Abwesenheit einen Vertreter aus der Geschäftsführung (GF) bestimmen. Über das GF-Sekretariat sollten die S&OP-Meeting-Termine geplant werden. Zusätzlich ist die Anwesenheit der vorgesehenen Teilnehmer nachzuhalten, bei ständigen Abwesenheiten ist es die Aufgabe des Vertreters der GF im S&OP-Meeting gegenzusteuern.

Im S&OP-Meeting selber übernimmt der GF-Vertreter den Vorsitz aber nicht die Moderation des Meetings. Er stellt sicher, dass etwaige Diskussionen stets im Sinne des Unternehmensergebnisses vorangetrieben werden und löst abteilungsübergreifende Konflikte zielorientiert auf. Detaildiskussionen zu einzelnen Themen, die nur für einen kleineren Teilnehmerkreis interessant sind, verlagert der GF-Vertreter in eine kleinere Runde nach dem offiziellen S&OP-Meeting.

2. Agenda erstellen:
Schon bei Einführung des S&OP-Meetings sollte eine klare Meeting-Agenda definiert sein. Diese Agenda kann im Rahmen der ersten Sitzungen weiterentwickelt werden, ist jedoch im späteren Zeitablauf als statisch zu betrachten. Eine wiederkehrende Struktur hilft dabei, regelmäßige Meetings möglichst effizient durchzuführen. Der Fokus innerhalb der Agendapunkte liegt dann auf der Diskussion von Geschäftsauffälligkeiten und den Maßnahmen zur Lösung von Problemen. Das konsequente Bearbeiten der wichtigsten Herausforderungen auf Basis sauberer und vollständiger Informationen wird durch die gleichbleibenden Meeting-Strukturen sichergestellt. In Abb. 3.4 ist eine illustrative Agenda dargestellt, die sich in drei Bereiche untergliedern lässt:

1. Bereich – Aktuelles: Der erste Teil der S&OP-Agenda mit den beispielhaften Themenfeldern „Offene To-dos“ und „Top-Themen operatives Geschäft“ beschäftigt sich mit den aktuellen Themen im Unternehmen. Die To-dos, welche aus einem Meeting hervorgehen, sollten im Protokoll vermerkt und zu Beginn der nächsten Sitzung abgefragt werden. Diese To-dos betreffen keineswegs nur das Meetings selbst, sondern auch priorisierte Aufgaben, die z. B. die Einkaufsabteilung oder die Logistik bis zum nächsten Zusammentreffen zu bewältigen hatten, um den Einklang zwischen Supply und Demand zu gewährleisten. Dies kann die außergewöhnliche Bereitstellung von zusätzlichem Frachtraum oder die Verhandlung mit möglichen Alternativlieferanten für kritische Materialien sein. Top-Themen des operativen Geschäfts können ebenfalls zu Beginn

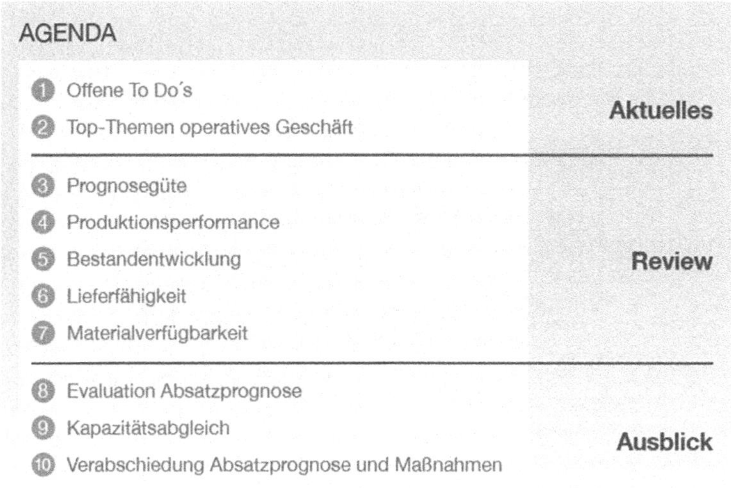

Abb. 3.4 S&OP-Meeting-Agenda

einer Sitzung besprochen werden. Auch hierbei ist es wichtig, sich auf das Wesentliche zu fokussieren und keine vermeintlich wichtigen „Aufregerthemen" zum Diskussionsgegenstand zu machen.

2. Bereich – Review: Der zweite Teil der S&OP-Agenda sollte ein Review der Vergangenheit sein, wobei die Performance aller relevanten Bereiche der Wertschöpfungskette nacheinander beleuchtet und Maßnahmen zur Performanceverbesserung abgeleitet werden. So können beispielsweise die Prognosegüten der Absatzpläne einzelner Planer auf verschiedenen Planungsebenen genauso thematisiert werden wie Wirkungsgrade von Produktionsstandorten oder -anlagen, die Reichweiten von Beständen, die Lieferfähigkeit von Transportdienstleistern oder die Materialverfügbarkeit des Einkaufs.

3. Bereich – Ausblick: Der dritte Teil der S&OP-Agenda sollte schließlich der Ausblick in die Zukunft sein. In diesem Teil wird gemeinschaftlich die finale Absatzprognose verabschiedet, welche vorab vom Vertrieb vorgestellt und im Rahmen des Reviews der Leistungsstände einzelner Abteilungen auf seine Erfüllbarkeit hin überprüft wurde. Der Abgleich der Absatzplanung mit den Kapazitäten in Logistik, Produktion und Einkauf ist von besonderer Bedeutung, sodass notfalls operative Maßnahmenpläne verabschiedet werden, damit die Erfüllung der Nachfrage sichergestellt ist. Lässt sich die geplante Nachfrage nicht bedienen und kann demzufolge kein Einklang zwischen Supply und Demand hergestellt werden, wird über den Vertrieb als letzte Instanz der Kunde involviert, um alternative Liefermengen oder Lieferzeitpunkte zu besprechen. Das Ergebnis ist die gemeinschaftliche Verabschiedung der Absatzprognose für die folgenden Planungsperioden mit Gültigkeit für das gesamte Unternehmen.

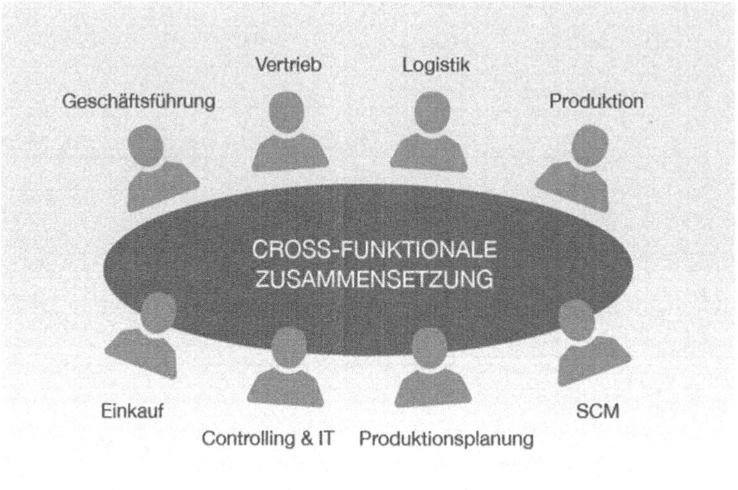

Abb. 3.5 Zusammensetzung S&OP-Meeting

3. Teilnehmer bestimmen:
Neben dem bereits erwähnten Teilnehmer aus dem Top Management sollten bei Einführung eines S&OP-Meetings von Beginn an auch alle weiteren Teilnehmer festgelegt und frühzeitig involviert werden. Es ist essentiell, dass Entscheidungsträger aller relevanten Abteilungen integriert sind und eine cross-funktionale Zusammensetzung des Meetings etabliert wird, um „am Tisch" Entscheidungen treffen zu können (Abb. 3.5).

Des Weiteren beinhaltet das S&OP-Meeting eine Vielzahl an Daten, Auswertungen und Analysen aus den unterschiedlichen Bereichen, sodass die Entscheidungsträger die Verantwortlichkeit über Datenbereitstellung und -qualität übernehmen und in Ihren Abteilungen eine hochwertige Aufbereitung sowie die Bereitstellung der richtigen Informationen sicherstellen. Ein gleichbleibender Teilnehmerkreis mit klaren Rollen und Verantwortlichkeiten hilft bei der Strukturierung des Meetings. Im Folgenden werden illustrativ die einzubeziehenden Abteilungen und deren Hauptverantwortlichkeit aufgezeigt.

Supply Chain Management: Ist eine Supply Chain Management (SCM)-Abteilung etabliert, sollte diese die Rolle des Moderators und Koordinators wahrnehmen, welcher im operativen Geschäft die Zusammenarbeit überwacht und verbessert. Der SCM-Verantwortliche sorgt im Tagesgeschäft dafür, dass bei jeglichen Maßnahmen im Rahmen des S&OP-Meeting das Gesamtoptimum des Unternehmens oberstes Ziel ist und Abteilungsinteressen untergeordnet werden. Die Optimierung einer einzelnen Abteilung auf Kosten anderer Abteilungen ist in jedem Fall zu unterbinden. Wenn es keine SCM-Abteilung geben sollte, ist ein Verantwortlicher aus einer anderen Abteilung für die Koordination des S&OP-Prozesses und des Meetings zu bestimmen. Dieser kann beispielsweise aus dem Vertriebsinnendienst, der Logistik, dem Controlling oder der Produktionsplanung kommen.

Hauptaufgabe der Abteilung SCM im Hinblick auf die Bereitstellung von Daten für das S&OP-Meeting ist, unter Zuarbeit relevanter Fachabteilungen, der Abgleich von Kapazitätsangebot und Kapazitätsnachfrage zur Identifikation möglicher Engpässe in der Zukunft. Dazu hat der Bereich SCM auf Basis der Absatzprognose des Vertriebs alle möglichen Engpassstellen im Unternehmen zu überprüfen.

Vertrieb: Klassischerweise bringt der Vertrieb konkrete Abschätzungen zukünftiger Bedarfe als Diskussionsgrundlage für das S&OP-Meeting mit, stellt diese auf adäquater Aggregationsebene den anderen Teilnehmern vor und erläutert Trends und Entwicklungen im Markt, bei einzelnen Kunden oder Artikeln. Ebenso informiert der Vertrieb über geplante Marketing-Maßnahmen, über Produktneueinführungen und insbesondere über geplante Promotions mit größeren Absatzeffekten. Zusätzlich weist der Vertrieb auf wesentliche Unterschiede einer aktualisierten Prognose im Vergleich zu vorherigen Prognosen, zum Vorjahr und zum Geschäftsplan hin. Schließlich stellt der Vertrieb die Prognosegüten der letzten Perioden vor, weist auf größere Ausreißer bzw. strukturelle Verzerrungen hin und führt Maßnahmen zu Optimierung der Planungsqualität durch.

Die Absatzpläne des Vertriebs bilden die Basis für eine gemeinschaftliche Verabschiedung der Absatzprognose, welche im Anschluss an das S&OP-Meeting unternehmensweit Gültigkeit findet. Wichtigster Grundsatz sollte sein, Schattenplanungen innerhalb einzelner Abteilungen strikt zu unterbinden und die Realität zukünftiger Absätze bestmöglich zu schätzen. Politische Interessen, wie beispielsweise eine gezielte Unterschätzung eintretender Absätze, um diese im Zeitverlauf übertreffen zu können und ggf. von Incentivierungen zu profitieren, oder eine gezielte Überschätzung eintretender Absätze zu unverhältnismäßig hohen Kosten, um stets eine hohe Warenverfügbarkeit gegenüber dem Kunden sicherzustellen (Shortage Gaming), gilt es zu unterbinden. Die vom Vertrieb zu präsentierenden Absatzprognosen werden im Regelfall in einem vertriebsinternen Meeting vorab in Vorbereitung auf das S&OP-Meeting analysiert und durchgesprochen.

Logistik: Die Verantwortlichkeit der Logistik liegt insbesondere in der Sicherstellung von Fracht- und Lagerkapazitäten und den gewünschten Service-Levels bei der Auslieferung von Waren zum Kunden. Im Bereich der Logistik findet der erste Abgleich zwischen Demand und Supply statt, wobei alle logistischen Restriktionen und Kapazitätsbegrenzungen von Lager- oder Frachtraum hinsichtlich der identifizierten Nachfrage bewertet werden. Zusätzlich ist es die Aufgabe der Logistik, ein Review sowie eine Vorschau der Lieferfähigkeiten für das S&OP-Meeting aufzubereiten.

Produktion/Produktionsplanung: Der Produktionsverantwortliche gibt Auskunft über Produktionskapazitäten und die Realisierbarkeit der prognostizierten Absätze im Rahmen der Produktionsplanung unter Berücksichtigung geplanter Schichtmodelle und anderer relevanter Einflussfaktoren, wie z. B. der zeitlichen Differenz zwischen der physischen Produktion von Waren und dem tatsächlichen Verkauf. Zusätzlich berichtet der

Produktionsverantwortliche über die Produktionsperformance der vergangenen Perioden, nimmt gegebenenfalls Anpassungen an den zur Verfügung stehenden Kapazitäten vor und weist auf bestehende Risiken hin. Kapazitätsbeeinflussende Sonderthemen der Produktion, wie größere Wartungsarbeiten oder das Aufstellen neuer bzw. der Abbau alter Maschinen, werden ebenfalls vorgestellt. Des Weiteren erfolgt eine Abstimmung mit der Logistik hinsichtlich notwendiger Lagerkapazitäten, insbesondere wenn die Produktion in Vorleistung gehen muss, um die zukünftige Nachfrage bedienen zu können. Im Rahmen dieser Schnittstelle findet beispielsweise auch die wechselseitige Bewertung von erhöhter Produktionsflexibilität im Abgleich mit den Effekten auf Lagerbestände statt.

Einkauf: Die Einkaufsabteilung stellt sicher, dass alle erforderlichen Materialien bereitgestellt werden können und überprüft insbesondere die Verfügbarkeit von (liefer-) kritischen Materialien. Im S&OP-Meeting werden auch im Bereich des Einkaufs nur die Problemmaterialien und Ausnahmen beleuchtet und Risiken in der Materialbereitstellung aufgezeigt, diskutiert und im Optimalfall direkt gelöst. Ist eine Lösung ad-hoc nicht möglich, wird im Rahmen des S&OP-Meetings und im Nachgang im Rahmen des S&OP-Prozesses versucht, praktikable Lösungsansätze für eine optimale Beschaffung zu finden. Diese können in der höchsten Eskalationsstufe beispielsweise in einer Umstellung von Produktionsplänen, in einer logistischen Lösung beispielsweise durch Umfuhren zwischen regionalen Lagerstandorten oder in Absprachen zwischen Vertrieb und Kunden hinsichtlich zeitlicher oder quantitativer Alternativlösungen liegen.

Controlling: Die Rolle des Controllings im S&OP-Prozess besteht schwerpunktmäßig in der Analyse und Aufbereitung der finanziellen Auswirkungen von Entscheidungen. So kann es beispielsweise für die Auflösung eines Engpasses mehrere Optionen, wie z. B. den Einsatz von Zusatzschichten oder Überstunden, die Fremdvergabe von Produktionsvolumina, die Vorproduktion (gegebenenfalls unter Anmietung eines Außenlagers) oder die Absage von Aufträgen geben. In solchen Situationen ist es die Aufgabe des Controllings, die finanziellen Effekte der relevanten Optionen zu bewerten. Zusätzlich sorgt das Controlling für die Qualitätssicherung der vorzustellenden Analysen und Berechnungen und unterstützt deren Interpretation. In S&OP-Prozessen mit höheren Reifegraden kann das Controlling zusätzlich auf Basis der im S&OP-Meeting verabschiedeten Planung eine finanzielle Vorschau für das gesamte Unternehmen erstellen.

IT: Je nach Organisation eines Unternehmens kann die Teilnahme der IT insbesondere bei den ersten Meetings eines neu aufgesetzten S&OP-Prozesses sinnvoll sein, um ebenfalls bei der Analyse und Interpretation von Datensätzen eine unterstützende Funktion einzunehmen. Des Weiteren kann es Aufgabe der IT sein, die Automatisierung der Datenerzeugung für das S&OP-Meeting voranzutreiben, bis im Endstadium nahezu alle Analysen für einzelne Agendapunkte mit automatischen Reports befüllt werden können, sodass personelle Ressourcen bestmöglich geschont werden.

Eine sinnvolle Zusammensetzung der S&OP-Meeting-Teilnehmer kann nicht pauschalisiert und muss individuell für jede Organisation bestimmt werden. Trotzdem sind die oben aufgeführten Teilnehmer bei der Einführung des S&OP-Meetings als erste (Voraus-)Wahl hilfreich.

Quick-Check – Bewerten Sie sich selbst: Wie beurteilen Sie die cross-funktionale Zusammenarbeit in Ihrem Unternehmen?

Stage 1 – Beginner:

- Geringes Maß an Integration, individuelle Pläne
- Stark funktionale Orientierung, Optimierung der eigenen Abteilung im Fokus, Silomentalität dominiert

Stage 2 – Basic:

- Abstimmung über halbformelle Treffen
- Hierbei unterschiedliches Engagement der Bereiche
- Funktionale Orientierung, Optimierung der eigenen Abteilung im Fokus

Stage 3 – Advanced:

- Abstimmungssitzungen relevanter Abteilungen
- Stark unterschiedlicher Einfluss der Abteilungen im Abstimmungsprozess
- Funktionale Orientierung, Abteilungsergebnisse werden dem Unternehmenserfolg häufiger untergeordnet

Stage 4 – World Class:

- Eingeführte S&OP-Prozesse mit S&OP-Meeting als Entscheidungsplattform
- Integration und volles Commitment aller relevanten Abteilungen
- Gleichverteilter Einfluss der Abteilungen im Abstimmungsprozess
- Unternehmenserfolg steht bei Entscheidungsfindung immer an erster Stelle

4. Ablauf, Zeitplan und Terminierung festlegen:
Das S&OP-Meeting findet in vielen Unternehmen in einem monatlichen Rhythmus statt und sollte bereits zu Beginn fortlaufend für die nächsten 12 Monate terminiert sein. So wird sichergestellt, dass alle Teilnehmer die Plattform des S&OP-Meetings einmal pro Monat wahrnehmen und keine vermeintlich wichtigeren Termine zu Abwesenheit von Entscheidungsträgern führen. Es hat sich bewährt, hierzu immer den gleichen Termin anzusetzen, z. B. immer den dritten Donnerstag im Monat. S&OP ist ein rollierender Prozess, der in keinem Monat des Jahres ausfallen sollte, da die Dynamik der Märkte Planungsungenauigkeiten in der Regel direkt bestraft. Es gilt, einen strukturierten Ablauf zu etablieren und in das Tagesgeschäft zu integrieren.

Dies gilt ebenfalls für das Meeting-Protokoll, das immer die gleiche Struktur aufweisen sollte. Das Protokoll wird idealerweise direkt in der Sitzung am PC von einem zu benennenden Protokollführer erstellt und im Anschluss zunächst zur Prüfung an die Sitzungsteilnehmer verteilt. Änderungswünsche am Protokoll sind bis zum Abend des gleichen Tages an den Protokollführer durchzugeben, sodass am nächsten Tag das finale Protokoll verteilt werden kann. In diesem Verteilerkreis sind dann auch Personen aufzunehmen, die zwar nicht an der Sitzung teilgenommen haben, die aber die Ergebnisse für ihre tägliche Arbeit benötigen oder aus informativen Gründen eingebunden sein sollten. Hierzu gehört insbesondere die gesamte GF.

Für die weiteren Unterlagen, die im S&OP-Meeting besprochen werden sollen, bietet es sich an, ein gemeinsames Laufwerk einzurichten, auf welches die Meeting-Teilnehmer und weitere berechtigte Mitarbeiter eine Zugriffsberechtigung erhalten. Auf diese Weise werden E-Mail-Verkehre mit größeren E-Mail-Anhängen vermieden. Gleichzeitig wird sichergestellt, dass alle Teilnehmer Zugriff auf die aktuellste Version der S&OP-Unterlagen haben.

5. Planungsebene und -horizont definieren:
Zur Sicherstellung eines effektiven und effizienten S&OP-Meetings müssen vorab die richtigen Planungsebenen und -horizonte definiert werden. Bei der Durchführung eines S&OP-Meetings findet die Diskussion in der Regel weder auf Artikelebene, noch auf Ebene des Gesamtabsatzes eines Unternehmens statt. Für jeden zu besprechenden Themenkomplex müssen sich die Teilnehmer auf die richtige Diskussionsebene verständigen. Diese kann beispielsweise ausgewählte Produktgruppen beinhalten. Es gilt, den Spagat zwischen zu hohem Detaillierungsgrad und fehlenden Informationen zu meistern. Neben der richtigen Planungsebene müssen für jeden Bereich zum Beispiel die Absatz-, Bestands- oder Bedarfsplanung und der richtige Planungshorizont festgelegt werden. Dieser mittelfristige Planungshorizont kann zwischen drei und 24 Monaten (in Ausnahmefällen auch länger) liegen und ist abhängig von verschiedenen Einflussfaktoren, wie zum Beispiel den Liefer- oder Herstellzeiten. Viele Unternehmen planen mit einem Horizont von 12 bis 18 Monaten.

Für den Bereich der kurzfristigen Produktionsplanung, z. B. der konkreten Linienbelegung mit Produktionsaufträgen ist regelmäßig ein weiterer Planungshorizont erforderlich, der z. B. auf Wochenbasis mit einem Horizont von sechs bis acht Wochen erstellt und wöchentlich aktualisiert wird. Entscheidend ist es dann sicherzustellen, dass der mittelfristige und der kurzfristige Planungshorizont integriert sind. Hierzu können die ersten beiden Planungsmonate des mittelfristigen Planungshorizonts auf Wochenbasis aufgelöst werden und somit den Ausgangspunkt der Kurzfristplanung bilden (Top-down). Bei einer vollständigen Integration der Pläne sind dann auch Änderungen am Kurzfristplan in den Mittelfristplan zurückzuspielen (Bottom-up).

Quick-Check – Bewerten Sie sich selbst: Wie beurteilen Sie den Planungshorizont und die Integration der Pläne in Ihrem Unternehmen?

Stage 1 – Beginner:

- Kein fester Planungshorizont definiert oder wechselnde, kurzfristige Planungshorizonte (wenige Monate)
- Keine Integration der Pläne

Stage 2 – Basic:

- Fester Planungshorizont definiert
- Keine Unterteilung in mittelfristige und kurzfristige Planung
- Geringe Integration der Pläne

Stage 3 – Advanced:

- Unterschiedliche Planungshorizonte für mittelfristige und kurzfristige Planung
- Integration der Pläne zum Teil gewährleistet

Stage 4 – World Class:

- Unterschiedliche Planungshorizonte für mittelfristige und kurzfristige Planung
- Vollständige Integration der Pläne Top-down und Bottom-up

6. Tools und Software auswählen:
Der Ressourcenaufwand zur Vorbereitung des S&OP-Meetings sollte im Zeitablauf optimiert und reduziert werden. Diesbezüglich ist es wichtig, einen höchstmöglichen Automatisierungsgrad der Bereitstellung notwendiger Daten und Analysen sicherzustellen. Dazu müssen zielführende Tools und Softwareapplikationen definiert und ggf. eingeführt werden, sodass ein manueller Datenaufbereitungsaufwand im Rahmen der Vorbereitungen von ausgereiften S&OP-Meetings langfristig keine große Bedeutung mehr haben sollte. Anfängliche Investitionen in die Entwicklung notwendiger IT-Strukturen zahlen sich regelmäßig im Zeitablauf aus.

7. Leistungsbewertung implementieren:
Wichtiger Inhalt des S&OP-Meetings sind Leistungsbewertungen aller relevanten Bereiche des Unternehmens, um z. B. die Zuverlässigkeit von Kapazitätsangaben der einzelnen Funktionsbereiche beurteilen zu können. Diese Leistungsbewertungen müssen

sorgfältig entwickelt und anschließend implementiert werden. Eine Bewertung sollte, wann immer möglich, quantitativ und faktenbasiert erfolgen. Aus diesem Grund gilt es, die richtigen KPIs zu identifizieren und im S&OP-Meeting zu kommunizieren. Beispielhafte KPIs als Bestandteil des S&OP-Meetings betreffen Prognosegüten, Bestandsreichweiten, Lagerumschlagsfaktoren, Anlagenwirkungsgrade oder Service Levels. Auch hier bestimmen individuelle Anforderungen an das eigene Unternehmen und dessen Umfeld die genaue Auswahl der richtigen KPIs. Neben der Einführung der richtigen KPIs ist es empfehlenswert von Beginn an Toleranzbereiche zu definieren, in welchen sich die Leistung bewegen soll. Wird ein Toleranzbereich verlassen, sollten festgelegte Maßnahmen zur Gegensteuerung initiiert werden.

3.3 Grafische Darstellung von S&OP-Inhalten

Die Herausforderung bei der grafischen Darstellung von S&OP-Inhalten ist, das richtige Maß aus Detailgrad und Informationsflut zu finden, sodass alle Teilnehmer der Diskussion auf relevanter Ebene folgen und Konsequenzen für die eigene Abteilung definieren können, sich jedoch nicht in den Einzelheiten eines Themenkomplexes einer anderen Fachabteilung verlieren. Darüber hinaus ist ein wesentlicher Erfolgsfaktor, jene Inhalte darzustellen, auf deren Basis Rückschlüsse gezogen, Maßnahmen abgeleitet und Entscheidungen getroffen werden können. Im Folgenden werden, bezugnehmend auf die möglichen Inhalte eines S&OP-Meetings (siehe Abschn. 3.2), für sechs ausgewählte Themen illustrative Darstellungsformen aufgezeigt und erläutert. Im Einzelnen sind dies:

1. Prognosegüte
2. Produktionsperformance
3. Bestandsentwicklung
4. Lieferfähigkeit
5. Absatzprognose
6. Kapazitätsabgleich

Die ersten vier Themenkomplexe umfassen hierbei den in der beispielhaften S&OP-Agenda (siehe Abb. 3.4) illustrierten Review der Vergangenheit, durch den die Performance einzelner Fachbereiche aufgezeigt wird. Die letzten beiden Themenkomplexe umfassen den ebenfalls in der beispielhaften S&OP-Agenda dargestellten Ausblick in die Zukunft. Hierbei beinhaltet das fünfte Thema die Absatzprognose zukünftiger Planungsperioden, während im sechsten Themenkomplex der Kapazitätsabgleich, also eine Überprüfung der erwarteten Nachfrage aus der Absatzprognose mit den vorhandenen Kapazitäten entlang der verschiedenen Herstellungsstufen, aufgezeigt wird.

1. Prognosegüte:
Bei der Darstellung von Prognosegüten bieten sich drei Perspektiven an, die in Kombination aussagekräftige Erkenntnisse über die Qualität einer Absatzprognose zulassen (siehe Abb. 3.6). Im ersten Schritt ermöglicht die Kennzahl **Mean Absolute Percentage Error (MAPE)** (für die Details zur Berechnung siehe Abschn. 4.3) – also die mittlere, betragsmäßige, prozentuale Abweichung zwischen Absatzprognose und Ist-Absatzmenge je Periode über einen definierten Betrachtungszeitraum – eine Bewertung der Treffgenauigkeit einer Prognose. Mittels dieser Kennzahl wird kein Unterschied zwischen einer zu hohen Absatzprognose (einer Überschätzung des Absatzes) oder einer zu niedrigen Absatzprognose (einer Unterschätzung des Absatzes) gemacht. Die isolierte Betrachtung der Kennzahl MAPE unterstellt, dass eine Absatzüberschätzung sowie eine Absatzunterschätzung dem Unternehmen im gleichen Maße schaden. So führt eine ständige Überschätzung des Absatzes im Extremfall zu hohen Beständen und entsprechend hohen Lager- und Prozesskosten. Eine ständige Unterschätzung des Absatzes hingegen

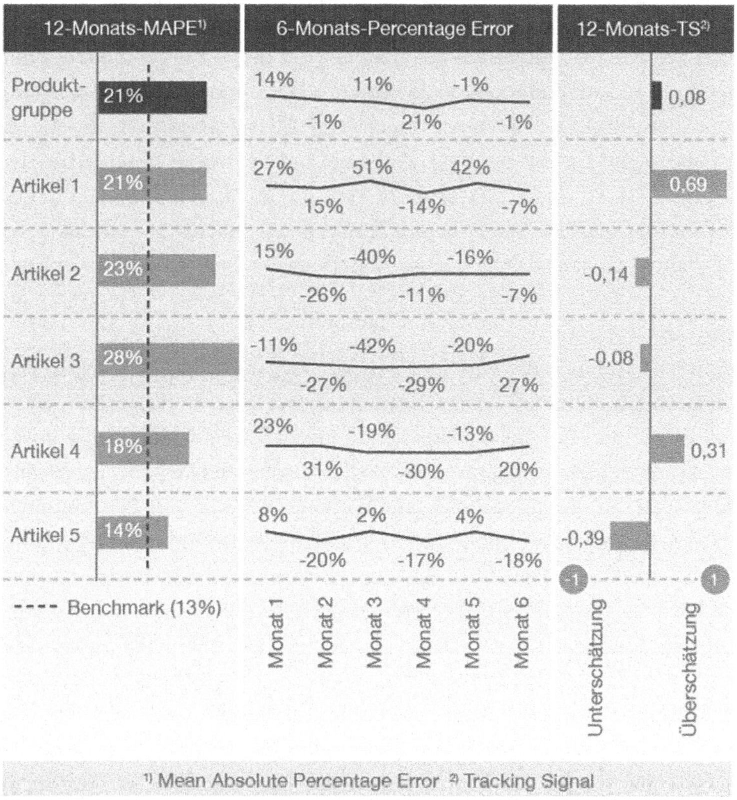

Abb. 3.6 Darstellung Prognosegüte

führt auf der anderen Seite zu entgangenen Verkäufen, Terminverschiebungen, Kundenunzufriedenheit und im Endstadium zum Verlust von Kunden.

Zusätzlich zur Kennzahl MAPE sollte also die beschriebene Perspektive einer Unter- oder Überschätzung in die Betrachtung einbezogen werden, um Rückschlüsse auf die möglichen Konsequenzen des Prognosefehlers ziehen zu können. Zu diesem Zweck kann eine Darstellung des **Percentage Errors** – also der reinen prozentualen Abweichung einer einzelnen Periode (z. B. Monat) im Zeitablauf (z. B. sechs oder zwölf Monate) hilfreich sein. Auf diese Weise lassen sich erste Rückschlüsse auf die Entwicklung der Tendenz der Absatzprognose ziehen.

Die dritte Perspektive der Bewertung von Prognosegüten stellt das **Tracking Signals (TS)** dar (für die Details zur Berechnung siehe Abschn. 4.3). Diese normierte Kennzahl gibt Aufschluss darüber, ob eine möglicherweise vorab bereits erkannte Über- oder Unterschätzung in Bezug auf den Betrachtungszeitraum strukturell ist. So bedeutet ein Tracking Signal von −1, dass bei der Absatzprognose innerhalb jeder einzelnen Periode eines Betrachtungszeitraums eine Unterschätzung vorgelegen hat. Ein Tracking Signal von +1 hingegen signalisiert eine strukturelle Überschätzung. Erstrebenswert ist ein Tracking Signal von 0, wobei sich Überschätzungen einer Periode mit Unterschätzungen einer anderen Periode im Zeitverlauf ausgleichen. Da dies naturgemäß nicht immer möglich sein wird, kann ein Zielkorridor zwischen −0,25 und +0,25 definiert werden, um zu erreichen, dass strukturelle Verzerrungen von Absatzprognosen nur moderate Auswirkungen haben. Die Definition eines Zielkorridors der vorab beschriebenen Kennzahl MAPE hingegen ist weniger pauschal zu definieren, da große Abhängigkeiten verschiedener Einflussfaktoren, wie z. B. der Struktur der Nachfrage und dem Kundenverhalten, dem Planungshorizont oder der Aggregationsebene der Kalkulation bestehen.

2. Produktionsperformance:
Die Produktionsleistung kann wie in Abb. 3.7 dargestellt über **Wirkungsgrade** und **Produktionsmengen** innerhalb eines Betrachtungszeitraums dargestellt werden. Hierbei ist je nach Konfiguration der Produktionslandschaft und Zuordnung von spezifischen Sortimenten zu einzelnen Anlagen oder Produktionsbereichen eine geeignete Perspektive, beispielsweise auf Anlagenebene, auf Werksebene oder auf Gesamtunternehmensebene festzulegen. Nachdem sich der Betrachtungszeitraum aus dem Intervall des S&OP-Meetings (z. B. Monat) ergibt, kann es sinnvoll sein, den Bericht auf eine zusätzliche Unterebene (z. B. Wochen) zu verfeinern. Hierdurch lassen sich wiederum Rückschlüsse auf die Tendenzen der Performance einer oder mehrerer Produktionsanlagen ziehen.

Bei der Definition des Wirkungsgrads sollte auf bereits im Unternehmen etablierte Berechnungslogiken zurückgegriffen werden, wobei innerhalb eines S&OP-Meetings eine grafische Unterteilung der Einfachheit halber in verschiedene Wirkungsgradtypen nicht zwangsläufig notwendig ist. Zur interdisziplinären Abstimmung ist es oftmals ausreichend, die aktuelle Leistungsfähigkeit unabhängig von den genauen Gründen,

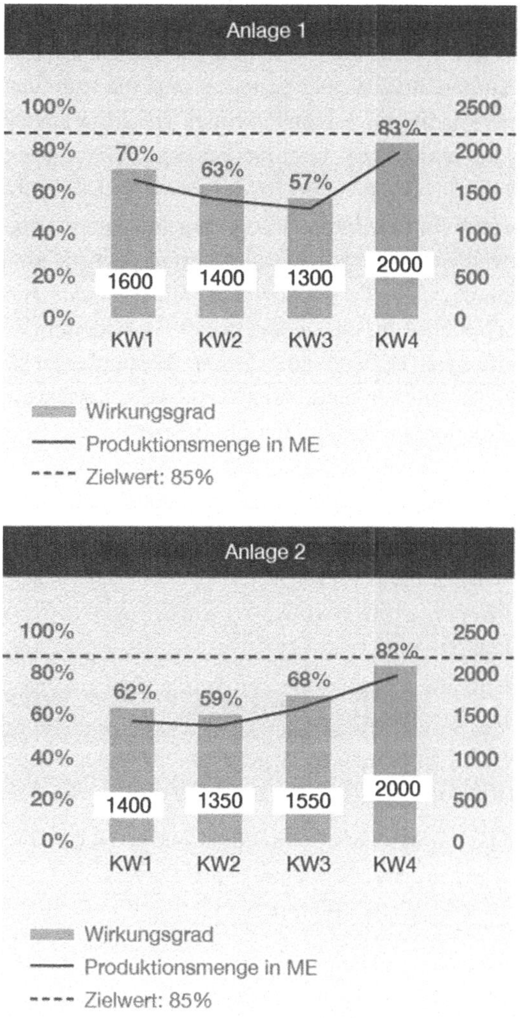

Abb. 3.7 Darstellung Produktionsperformance

wie z. B. technischen Störungen, Pausen oder Reinigungsvorgängen, anzugeben und diese im Einzelfall durch die Fachabteilung verbal erläutern zu lassen. Das Ziel dieser Erläuterungen ist eine Aussage über die zukünftige Leistungsfähigkeit einer oder mehrerer Produktionsanlagen. Ist der Wirkungsgrad einer vergangenen Periode beispielsweise aufgrund technischer Störungen beeinträchtigt, welche jedoch behoben wurden, so ist ein Hinweis auf einen erhöhten Planwirkungsgrad für zukünftige Perioden sinnvoll. Die Produktionsmenge als absolute Angabe gibt für alle Teilnehmer des S&OP-Meetings konkreten Aufschluss über den Output einer Anlage, einem Werk oder aller Produktionsstätten. Dieser Zusatz vereinfacht im interdisziplinären Austausch die Kommunikation und Interpretierbarkeit.

3. Bestandsentwicklung:

Für eine sinnvolle Darstellung der Bestandssituation sind in der Regel mehrere grafische Aufbereitungen, zugeschnitten auf die individuellen Bedürfnisse eines Unternehmens, notwendig. Im Folgenden sollen vier Möglichkeiten aufgezeigt werden:

Entwicklung Gesamtbestand: Der Gesamtbestand des Unternehmens im Zeitablauf und im Vergleich zum Vorjahr (siehe Abb. 3.8) bietet eine aggregierte Übersicht und dient als Indikation zur ersten Bewertung der aktuellen Bestandssituation. Liegt der Bestand innerhalb einer Periode beispielsweise deutlich über dem Bestand des Vorjahres, ohne dass sich diese Situation aufgrund von erhöhten Absätzen, Sortimentserweiterungen oder einer gezielt veränderten Bestandspolitik erläutern lässt, so ist dies ein erster Hinweis auf zu hohe Bestände. Ist der Bestand innerhalb einer Periode hingegen deutlich unter dem Bestand des Vorjahres, ohne entsprechende Veränderungen der Situation, so vermag dies ein Bestandsrisiko zu indizieren.

Des Weiteren ist eine Darstellung des Gesamtbestands hilfreich, um kontinuierlich die Kapazitätsauslastungen zu beobachten. Bewegt sich der Bestand in Richtung einer Maximalkapazität, besteht akuter Handlungsbedarf. In diesem Fall können gezielte Maßnahmen zur Bestandsreduktion oder -verlagerung bzw. die Anmietung von Außenlager-

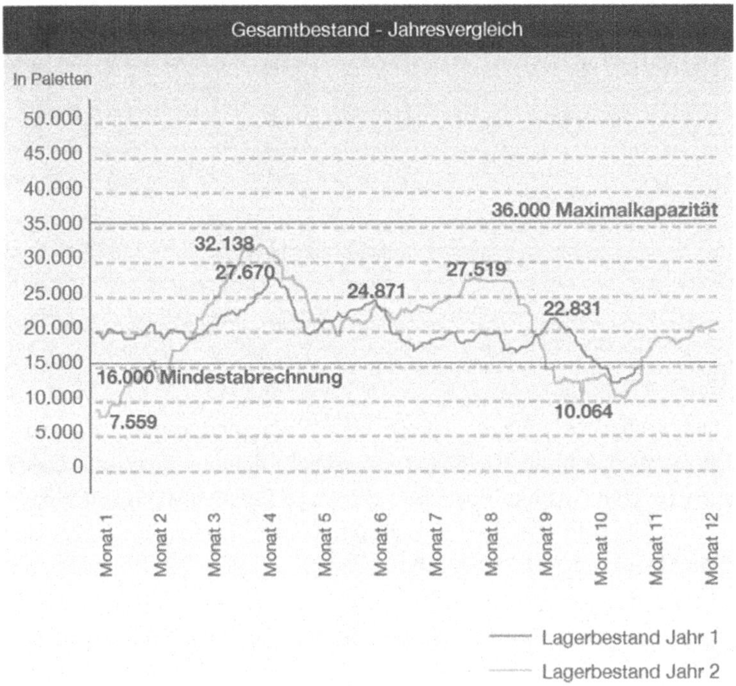

Abb. 3.8 Darstellung Gesamtbestand

flächen notwendig sein, wenn eine Bestandsreduktion nicht möglich sein sollte. Ebenso lohnt sich ein Blick auf möglicherweise mit einem externen Lagerdienstleister vereinbarte Bestandsminima, welche auch bei physisch geringeren Beständen zur monetären Abrechnung kommen. Bewegt sich der Bestand in diesem Fall deutlich unter einem derartigen Bestandsminimum, so kann diskutiert werden, ob die Sicherheitsbestände einzelner Artikel- oder Artikelgruppen erhöht werden sollten. Bei dieser Diskussion sind neben den Bestandskosten in Form der Stellplatzmieten auch die Kapitalkosten aufgrund der Kapitalbindung einzubeziehen.

Im Rahmen des S&OP-Meetings sollten die Unternehmensbestände aufgezeigt und diskutiert werden, sodass Maßnahmen zur gezielten Reduktion oder Erhöhung von Beständen im Einzelfall verabschiedet werden können. Neben der hier dargestellten Perspektive der Gesamtbestände kann je nach Gegebenheiten eine Unterteilung der Bestände in einzelne Regionen oder Lagerstandorte sinnvoll sein, insbesondere wenn diesen bestimmte Absatzgebiete oder unterschiedliche Produktionsstätten zugeordnet sind.

Bestandsreichweiten: Die Bestandsreichweiten sind eine Stichtagsbetrachtung, wobei der Stichtag so nah wie möglich am Tag des S&OP-Meetings liegen sollte. Bei der Kalkulation der Bestandsreichweiten wird der aktuelle Bestand eines Artikels gegen die Absatzprognose zukünftiger Perioden bewertet, sodass im Ergebnis eine Aussage über die erwartete Bestandsreichweite eines Artikels in Tagen getroffen werden kann. Hierbei können im S&OP-Meeting (siehe Abb. 3.9) einerseits die Top-Artikel nach Absatz

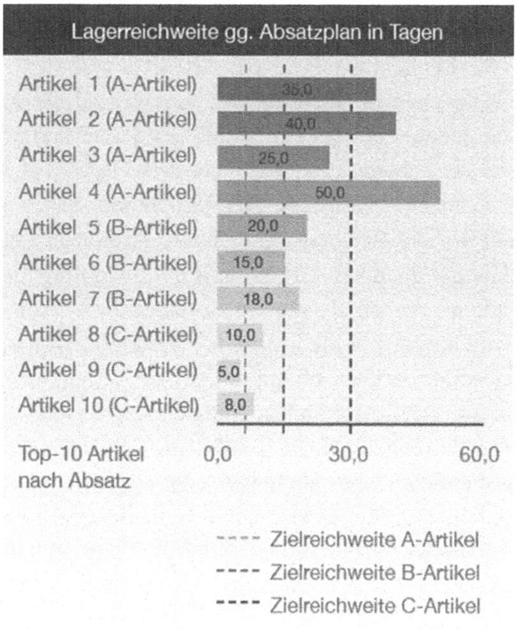

Abb. 3.9 Darstellung Lagerreichweite

und andererseits besonders auffällige Artikel in der Diskussion stehen. Die Interpretation einer einzelnen Bestandsreichweite hängt maßgeblich vom Artikeltypen und dessen Charakteristika ab, sodass eine Reichweite von 30 Tagen für einen Artikel als kritisch und für einen anderen Artikel als zu lang bewertet werden kann. Aus diesem Grund bietet es sich an, vor der Betrachtung von Bestandsreichweiten eine Artikelklassifizierung nach ABC oder ABC-XYZ vorzunehmen. Mit diesen Methoden wird der Bestand nach dem Pareto-Prinzip klassifiziert, wobei die ABC-Bewertung die Artikel nach Ihrer Bedeutung für das Unternehmen sortiert. Hierbei können als Referenz der Anteil am Umsatz, der Absatz der Produkte oder auch der Anteil an einem gemeinsam mit dem Controlling definierten Deckungsbeitrag (DB) gewählt werden. A-Artikel stehen für einen wertmäßig hohen, B-Artikel für einen wertmäßig mittleren und C-Artikel für einen wertmäßig niedrigen Anteil.

Die zweite Dimension, die XYZ-Bewertung, sortiert die Artikel typischerweise nach der Konstanz des Verbrauchs in einem Betrachtungszeitraum (z. B. 12 Monate). X-Artikel stehen für einen konstanten Verbrauch, Y-Artikel für Schwankungen im Verbrauch und Z-Artikel für völlig unregelmäßige Verbrauchsmuster. Die Verbrauchskonstanz kann beispielsweise über den Variationskoeffizienten abgebildet werden. Eine andere Möglichkeit ist die XYZ-Bewertung anhand der tatsächlichen Prognostizierbarkeit, widergespiegelt in der Prognosegüte, beispielsweise MAPE (für die Details zur Berechnung siehe Abschn. 4.3). Dieser Ansatz hat den Vorteil, dass vorhersagbare und allseits bekannte Verbrauchsschwankungen, wie z. B. bei einem Saisonverhalten im Weihnachtsgeschäft, richtigerweise als planbar ausgelegt werden und entsprechend die richtige Bestandspolitik abgeleitet werden kann. Ist die Artikelklassifizierung vorgenommen, kann für jede der neun Kombinationen einer ABC-XYZ-Klassifizierung eine Ziel-, Mindest-, und/oder Maximalreichweite definiert werden. Bei einer wertmäßigen ABC-Betrachtung hätte ein Artikel mit A-Bewertung hierbei typischerweise geringere Reichweitenvorgaben als weniger werthaltige Artikel mit C-Bewertung. Dies ist darin begründet, dass die Vorhaltung des Lagerwerts mit Kapitalkosten erkauft werden muss und bei höheren Produktwerten diese Kosten steigen. Würde man die ABC-Betrachtung nach einem definierten DB vornehmen, hätte ein A-Artikel mit besonders gutem DB eine höhere Reichweite, als ein C-Artikel mit geringem DB. Bei der XYZ-Perspektive sind gut planbare Artikel mit X-Bewertung gekennzeichnet durch niedrigere Reichweitenvorgaben als schwer zu planende Artikel mit Z-Bewertung. Basierend auf diesen Grundlagen gibt die grafische Darstellung von dynamischen Reichweiten in Tagen eine Auskunft darüber, ob ein Artikel im Verhältnis zu den definierten Reichweitenvorgaben im Soll liegt, oder ob Handlungsbedarf besteht, den Bestand für einen Artikel zu erhöhen oder zu reduzieren. In Kombination mit der Darstellung der Entwicklung des Gesamtbestands sind bei zu hohen oder zu niedrigen Gesamtbeständen schnell jene Artikel identifiziert, für die Maßnahmen zur Bestandsanpassung zu treffen sind.

Obsoleszenzvorschau: Sind Haltbarkeiten oder Verkaufszeitpunkte einiger Artikel oder Artikelgruppen von Bedeutung, ist eine Obsoleszenzvorschau von großem Nutzen. Diese Vorschau kombiniert das späteste Verkaufsdatum eines Artikels in einer Periode mit dem zugehörigen Planverkauf. Das späteste Verkaufsdatum bezieht sich dabei im Regelfall auf das Mindesthaltbarkeitsdatum (MHD) eines Produktes abzüglich der vom Handel geforderten Restlaufzeit (RLZ). Die Kalkulation der prognostizierten Obsoleszenz kann bei einer monatlichen Absatzprognose vereinfacht unter der Annahme von linearem Verbrauch im Monatsverlauf vorgenommen werden. Unter dieser Annahme würde ein erreichtes Verfallsdatum zum 15. eines Monats von 100 Mengeneinheiten (ME) eines Artikels bei einer Absatzprognose von 200 Mengeneinheiten für den Gesamtmonat genau aufgefangen werden. Ist eine derartige Vereinfachung nicht hinreichend genau, sind detailliertere Absatzprognosen auf Wochen- oder Tagesbasis für eine exakte Kalkulation notwendig. Der Bestand kann hierbei in der ME mit der größtmöglichen Relevanz wie Stück, Kilogramm, Liter oder Paletten ausgedrückt werden.

Die graphische Darstellung der Obsoleszenzvorschau (Abb. 3.10) zeigt zunächst einen kumulierten Balken als Gesamtübersicht über einen Artikel. Dieser Balken enthält für den Stichtag der Betrachtung zwei Informationen: Einerseits wird für zukünftige Planperioden der rechtzeitige Planverkauf von Bestandseinheiten, welche das Verfallsdatum zu überschreiten drohen, aufgezeigt. Andererseits werden für zukünftige Planperioden jene Bestandseinheiten aufgezeigt, die das Verfallsdatum zu überschreiten drohen, jedoch gemäß aktueller Absatzprognose nicht mehr rechtzeitigt verkauft werden können. Neben dem Übersichtsbalken wird eine Einzelbetrachtung der zukünftigen Planperioden vorgenommen, um aufzuzeigen, in welchen konkreten Perioden (z. B. Mona-

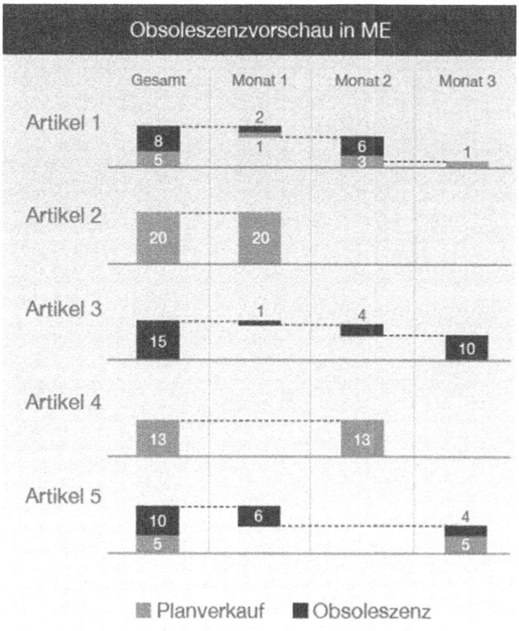

Abb. 3.10 Darstellung Obsoleszenz

ten) Handlungsbedarf besteht. So kann für jede Planperiode analysiert werden, welche Bestandsmengen zu verfallen drohen, jedoch noch abverkauft werden, und welche Bestandsmengen zu verfallen drohen, jedoch nicht mehr abverkauft werden können. Die Kalkulation der Obsoleszenzvorschau sollte für jeden Artikel im Sortiment durchgeführt werden, bei welchem ein zeitlicher Verfall eine Rolle spielt. Im S&OP-Meeting werden dann alle Artikel mit zeitlichen Risiken thematisiert. Mögliche zu verabschiedende Maßnahmen zur Verhinderung von Bestandsverfall sind vertriebliche Aktivitäten, wie Preisreduktionen oder Kundengespräche zur Vorverlagerung geplanter Bestellungen.

Vorschau Konfektioniervolumina: Mit steigender Bedeutung von sogenannten „Value Added Services“ (VAS), also der Aufwertung von Produkten, wie z. B. durch die Erzeugung von Displayartikeln als verkaufsfördernde Maßnahme, steigt auch die entsprechend notwendige Arbeitsleistung in der Konfektionierung. Sind im Unternehmen nach Herstellung eines Basisartikels in höherem Maße spezifische Konfektionierleistungen erforderlich und stellen diese im Zeitablauf einen Engpass dar, bietet sich eine Vorschau der Konfektioniervolumina an. Diese Vorschau zeigt, in welchem Umfang in Bezug auf die Absatzplanung Konfektionierleistungen notwendig werden. In der Darstellung (siehe Abb. 3.11) wird der Absatzplan für zu konfektionierende Artikel

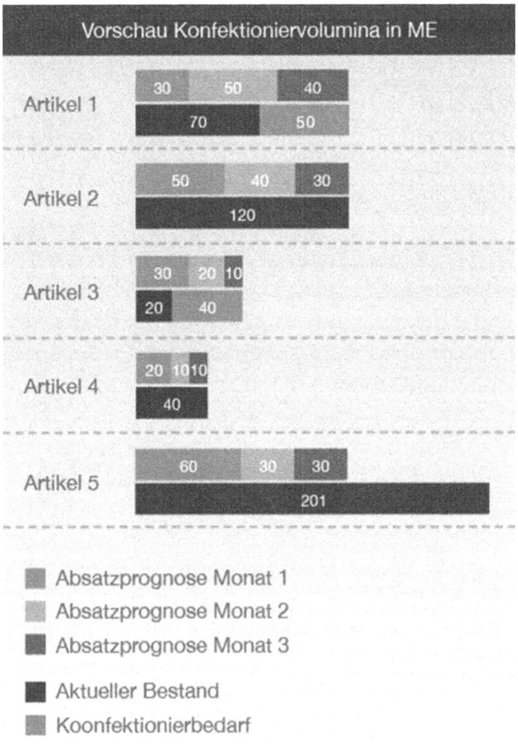

Abb. 3.11 Darstellung Konfektioniervolumina

(z. B. Displays) zukünftiger Perioden in einem Balken mit dem bereits vorhandenen Bestand dieses zu konfektionierenden Artikels gegenübergestellt.

Ist ausreichend Bestand für die zukünftigen Planperioden vorhanden, müssen keine weiterführenden Maßnahmen eingeleitet werden und der Artikel bedarf keiner weiteren Diskussion im S&OP-Meeting. Ist nicht ausreichend Bestand für die zukünftigen Planperioden vorhanden, zeigt die Grafik den Konfektionierbedarf auf. In diesem Fall entscheidet die verantwortliche Person im S&OP-Prozess, ob eine Konfektionierung problemlos im operativen Geschäft abgewickelt werden kann oder ob der Konfektionierbedarf das operative Tagesgeschäft an Kapazitätsgrenzen bringt. Werden bei bedeutenden Artikeln Risiken der Versorgungssicherheit sichtbar, kommen die entsprechenden Artikel auf der Tagesordnung des S&OP-Meetings. Die Verabschiedung der richtigen Maßnahmen, wie z. B. die gezielte Verlagerung von Bedarfen oder die Organisation zusätzlicher Arbeitskräfte zur Abwicklung der Konfektionierbedarfe, sind Ergebnis des S&OP-Meetings.

4. Lieferfähigkeit: Die Lieferfähigkeit ist einer der entscheidenden Tagesordnungspunkte im S&OP-Meeting. Eine reduzierte Lieferfähigkeit führt zu entgangenen Umsätzen und Gewinnmargen. Als Vorstufe ist mit einem Verlust der Reputation gegenüber dem Kunden oder unmittelbaren Rechnungskürzungen sowie Strafzahlungen zu rechnen. Um diese Effekte zu vermeiden, ist eine hohe Lieferfähigkeit notwendig. Diese jedoch zu gewährleisten ist in der heutigen Marktumwelt der Logistikbranche immer schwieriger. Insbesondere der Begriff „Fahrermangel" kennzeichnet die aktuelle Situation am Frachtmarkt. Dem Arbeitskräftemangel stehen steigende Transportbedürfnisse gegenüber, sodass die Besorgung von Frachtkapazitäten vor allem in branchenübergreifenden Saisonspitzen eine immer größere Hürde darstellt. Fehlende Frachtkapazitäten haben wiederum unmittelbaren Einfluss auf die Lieferfähigkeiten von Unternehmen. Weiterhin können Fehlmengen beispielsweise aufgrund von nicht optimal ausgesteuerten Beständen die Lieferfähigkeit negativ beeinflussen.

Die Darstellung der Lieferfähigkeit im S&OP-Meeting kann in verschiedenen Dimensionen vorgenommen werden. Typischerweise enthält die Betrachtung (siehe Abb. 3.12) eine zeitliche sowie eine quantitative Ebene. Die zeitliche Ebene – on time – beschreibt, ob der Auftrag pünktlich bereitgestellt bzw. ausgeliefert wurde. Die quantitative Ebene – in full – beschreibt, ob der Auftrag vollständig bereitgestellt bzw. ausgeliefert wurde. In der Kombination drückt die Kennzahl „On Time In Full" (OTIF) aus, ob ein Auftrag zur richtigen Zeit und in der richtigen Menge bereitgestellt bzw. ausgeliefert wurde. Die Definition der Kennzahl OTIF kann hierbei in zwei Varianten vorgenommen werden.

Bei einer **auftragsbezogenen Betrachtung** (Orderfill) wird jeder einzelne Auftrag im Gesamten bewertet, sodass z. B. eine Fehlmenge eines einzelnen Artikels innerhalb des Auftrags zu einer Fehlbewertung des gesamten Auftrags führt. Sind also von zehn Aufträgen mit jeweils zehn Artikeln und jeweils einer Einheit pro Artikel neun Aufträge zur richtigen Zeit und in der richtigen Menge ausgeliefert worden, wohingegen ein Auftrag eine Fehlmenge von einer Einheit eines Artikels ausweist, ergibt sich im Ergebnis ein auftragsbezogenes OTIF von 90 %.

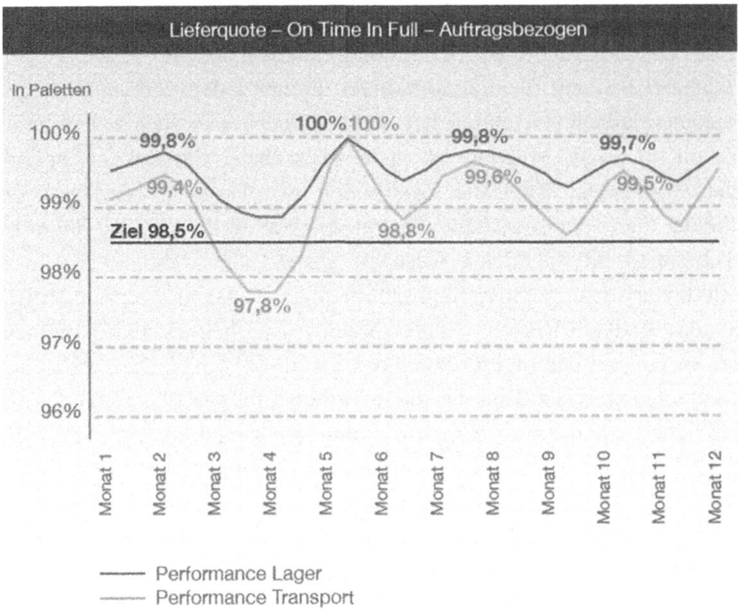

Abb. 3.12 Darstellung Lieferquote

Bei einer **auftragspositionsbezogenen Betrachtung** (Casefill) wird die Bewertung auf einer niedrigeren Aggregationsebene vorgenommen. Sind also von den genannten zehn Aufträgen mit jeweils zehn Artikeln und jeweils einer Einheit pro Artikel neun Aufträge zur richtigen Zeit und in der richtigen Menge ausgeliefert worden, wohingegen ein Auftrag eine Fehlmenge von einer Einheit des Artikels ausweist, ergibt sich im Ergebnis ein auftragspositionsbezogenes OTIF von 99 %.

Bei der Bewertung der Lieferfähigkeit sollte zwischen der Leistung des Lagers (des Lagerdienstleisters) und der Leistung des Transports (der Spedition) unterschieden werden, sodass unmittelbar abgeleitet werden kann, ob die Ursache mangelhafter Lieferfähigkeiten in reduzierter Lager- oder reduzierter Transportleistung liegt. Die kalkulatorische Kombination der Bewertung des Lagers sowie der Bewertung des Transports ergibt die Gesamtbewertung. Diese sollte stets einem Gesamtziel gegenübergestellt werden. Die Ausdefinition des Zielwerts kann nicht pauschal vorgenommen werden, sondern ist wiederum an die Besonderheiten des Unternehmens anzupassen. Hierbei können z. B. vertraglich mit Kunden vereinbarte Leistungsquoten, die unbedingt eingehalten werden sollten, herangezogen werden.

5. Absatzprognose: Bei der Evaluation der Absatzprognose wird die Prognose zukünftiger Planungsperioden bewertet und verabschiedet. Zu diesem Zweck bietet sich im ersten Schritt auf hoher Aggregationsebene z. B. ein Vergleich zum Geschäftsplan, dem Vorjahr und einer rein statistischen Prognose an (siehe Abb. 3.13). Die exakte Aggregationsebene ist anhand spezifischer Kunden- und Artikelstrukturen zu definieren und für jedes Unternehmen unterschiedlich. Für das S&OP-Meeting gilt es eine oder mehrere sinnvolle Ebenen festzulegen, die für alle Teilnehmer von Relevanz sind. Eine Betrachtung auf Artikelebene ist hierbei oftmals nicht zielführend.

Der Vergleich zu bereits vorgenommenen Planungen oder den Vorjahresabsätzen dient als Orientierung und zur schnellen Identifikation von Ausreißern oder besonderen Geschäftsentwicklungen. Beim Vergleich zum Geschäftsplan wird deutlich, ob beispielsweise die Erwartungen von Banken oder Investoren erfüllt werden. Der Vergleich zum Vorjahr lässt auf Veränderungen, wie z. B. Umsatzeinbrüche oder -zuwächse schließen. Liegt eine statistische Prognose vor, kann verglichen werden, ob die Algorithmen valide Vorschläge liefern, sodass auf deren Basis ein Absatzplan aufgesetzt werden kann. Bei der Erstellung des operativen Absatzplans ist es wichtig, dass den Plan keinerlei politische Einflüsse verzerren. Politische und strategische Überlegungen können in einem Geschäftsplan sinnvoll sein, sollten jedoch in einem operativen Plan strikt vermieden werden. Ziel des S&OP-Meetings ist die Verabschiedung einer abgestimmten Absatzprognose, sodass alle Beteiligten des S&OP-Prozesses im Anschluss an das Meeting auf die Erfüllung dieser Absatzprognose hinarbeiten können.

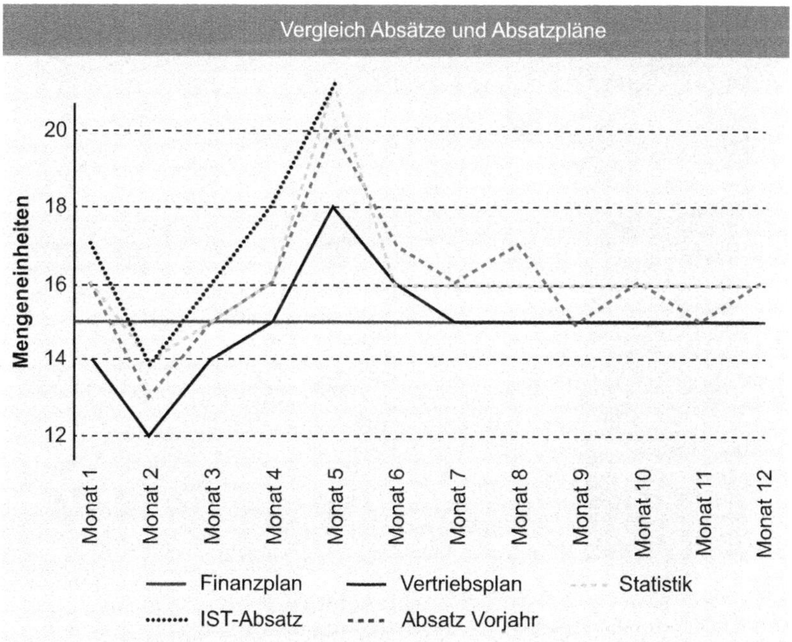

Abb. 3.13 Darstellung Vergleich Absatzpläne

6. Kapazitätsabgleich: Durch einen Kapazitätsabgleich wird entlang der verschiedenen Herstellungsstufen eine Überprüfung vorgenommen, ob die erwartete Nachfrage aus der Absatzprognose mit den Kapazitäten entlang der Wertschöpfungskette bedient werden kann (siehe Abb. 3.14). Dazu müssen zunächst die zu betrachtenden Dimensionen, wie z. B. die Einkaufskapazitäten, die Produktions- und Verpackungskapazitäten, die Fertigwarenlagerkapazitäten und die Transportkapazitäten festgelegt werden. Der Detailgrad richtet sich typischerweise nach der Bedeutung eines Prozessschrittes und danach, ob ein Prozessschritt regelmäßig einen Kapazitätsengpass darstellt.

Für jeden Prozessschritt sollte im Hintergrund eine Evaluierungslogik erarbeitet und kalkuliert werden, sodass in der Darstellung je Prozessschritt die maximal verfügbare Kapazität einer Periode und ggf. eine schnell realisierbare Zusatzkapazität (z. B. durch Anmietung externer Kapazitäten) mit den Bedarfen der Periode gegenübergestellt werden. Der Kapazitätsabgleich zeigt auf höchster Aggregationsebene an, ob ein Prozessschritt in einer Planungsperiode zum Engpass wird. Ist dies nicht der Fall, bedarf es keiner weiteren Diskussion im Rahmen des S&OP-Meetings. Ist jedoch ein Engpass

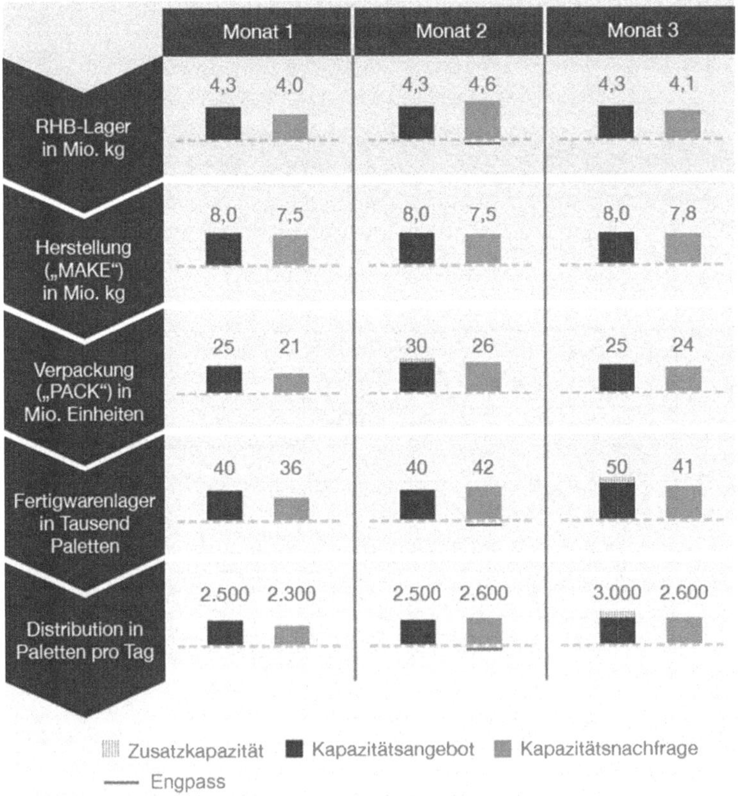

Abb. 3.14 Darstellung Kapazitätsabgleich

identifiziert, sollten weiterführende Detailansichten generiert werden, sodass in der Diskussion z. B. Vorschläge für Kunden-, Sortiments- und Artikelpriorisierungen oder Kapazitätserweiterungen besprochen werden.

3.4 Ermittlung des Kapazitätsbedarfs

3.4.1 Absatzschätzung Intra-Company

Damit der Nutzen von S&OP erzielt werden kann, bedarf es für jeden S&OP-Prozess eines soliden Grundsteins. Dieser wird zunächst einmal durch eine qualitativ hochwertige Absatzschätzung gelegt. Die Schwierigkeit der Erstellung einer qualitativ hochwertigen Absatzprognose kann im Wesentlichen drei Gründen zugeordnet werden (Kühnapfel 2014):

Unerwartete Ereignisse von außen sind in vielen Fällen der Hauptgrund für geringe Güten von Absatzprognosen. Dies beinhaltet nicht unbedingt geopolitische Ereignisse wie Krisen oder Epidemien, sondern ganz branchenspezifische Faktoren wie den Eintritt neuer Wettbewerber, Aktionspreise im Handel (die der Hersteller aus kartellrechtlichen Gründen nicht festlegen darf) oder einfach ein kaum planbares Bestellverhalten des Handels.

Mangelndes Wissen über die Eignung von Prognosemethoden führt ebenfalls zu geringeren Prognosegüten, wobei ein überkompliziertes Prognoseverfahren nicht unbedingt zu besseren Ergebnissen führt. Hier gilt es die richtigen Methoden für das Unternehmen zu identifizieren und sinnvoll einzusetzen.

Letztendlich können ungenaue Prognosen auf **Wahrnehmungsverzerrungen** zurückgeführt werden. Diese beinhalten beispielsweise die Bestätigung der eigenen Meinung, Rückschaufehler (Überschätzung der eigenen Prognosefähigkeiten, da die Tatsachen rückblickend bekannt sind), Veränderungsaversion oder die Fortschreibung von Mustern.

Eine strukturierte Absatzplanung kann einerseits Intra-Company, also im Rahmen der eigenen Unternehmensgrenzen, oder andererseits zusätzlich Inter-Company, also unter kooperativem Einbezug der Kunden und Lieferanten (siehe Abschn. 3.4.2) durchgeführt werden. Die Methoden zur Absatzplanung als Initiative im Rahmen des eigenen Unternehmens lassen sich in **quantitative** und **qualitative** Methoden unterteilen. Einige beispielhafte Verfahren sind in Abb. 3.15 genannt. Die konkrete Auswahl einzelner Methoden hängt maßgeblich von Faktoren wie der Datenlage von historischen Abätzen,

Abb. 3.15 Methoden zur Absatzplanung

Qualitative Verfahren	Quantitative Verfahren
Kundenbefragung	Gleitende Durchschnitte
Expertenurteil	Exponentielle Glättung
Delphi Methode	ARIMA
Sales Force Composite	Regessionsanalyse

den einzelnen Absatzverläufen und den individuellen Mitarbeiter-Ressourcen sowie deren Fähigkeiten ab. In der Praxis finden oftmals Kombinationen verschiedener Methoden Anwendung.

Im Rahmen der **quantitativen Methoden** zur Absatzplanung haben statistische Modelle eine besonders hohe Bedeutung. Mittels Einsatz statistischer Analysen von Zeitreihen aus der Vergangenheit lassen sich für einzelne Artikel oder Artikelgruppen mathematische Prognosen für zukünftige Absätze ermitteln. In diesem Zusammenhang gibt es für verschiedene Absatzverläufe unterschiedliche mathematische Modelle, bei denen über die Einstellung bestimmter Parameter versucht wird, die Zukunft möglichst treffsicher vorherzusagen. Diese Modelle können beispielsweise Trendverläufe, Saisonalitäten oder Produktlebenszyklen, aber auch sprunghafte oder sporadische Nachfrageverläufe abbilden. Die Eignung dieser quantitativen Verfahren für die individuellen Absatzverläufe des eigenen Unternehmens sollte jedoch vor deren Einsatz und später laufend hinterfragt werden (Gilliland 2010). Eine Einführung in ausgewählte statistische Verfahren der Nachfrageprognose und deren Bewertung wird in Abschn. 4.2 gegeben. Der Fokus der folgenden Ausführungen liegt somit zunächst einmal auf den **qualitativen Methoden** zur Absatzplanung.

Im Rahmen der **qualitativen Methoden** wird bewusst auf eine rein rechnerische Komponente verzichtet, sodass intuitive und subjektive Abschätzungen im Vordergrund stehen. Die qualitativen Methoden werden in der Praxis oftmals angewandt, um vorab durchgeführte quantitative Methoden mit unternehmerischem Wissen von Entscheidungsträgern anzureichern und die Mathematik zu hinterfragen und letztendlich im Bedarfsfall zu korrigieren. Im Folgenden wird eine beispielhafte Auswahl an qualitativen Methoden zur Absatzplanung vorgestellt:

Kundenbefragung: Bei dieser Methode werden ausgewählte, repräsentative Kundengruppen direkt im Rahmen von Interviews oder indirekt mittels Fragebögen zu ihrem Absatzverhalten für ausgewählte Produkte befragt. Die durch die Kunden angegebenen Mengen werden addiert und auf einen Gesamtmarkt hochgerechnet. Nachteilig an dieser Methode ist, dass meistens nicht alle potenziellen Kunden befragt werden können, sodass Stichproben regelmäßig zu Verzerrungen im Gesamtergebnis führen, da der Gesamtmarkt zur Hochrechnung von Befragungsergebnissen ggf. nicht treffsicher ermittelt werden kann. Darüber hinaus bewertet der Kunde selbst sein zukünftiges Kaufverhalten zum Teil nur sehr ungenau. Vielfach sind Kunden auch nicht gewillt, Absatzprognosen abzugeben. Die Methode der Kundenbefragung findet vermehrt Anwendung im Zusammenhang mit Neuprodukteinführungen.

Expertenurteil: Bei dieser Methode werden kleine Gruppen von Experten bzw. Führungskräften, z. B. aus Vertrieb, Controlling und anderen relevanten Bereichen zurate gezogen. Das Ziel der Methode ist es, durch ein systematisches Vorgehen möglichst qualifizierte Absatzschätzungen zu erreichen. Die Methode findet einerseits Anwendung, wenn keine Vergangenheitsdaten von Artikeln oder Artikelgruppen vorliegen, keine Muster oder Zusammenhänge in Absatzverläufen identifiziert werden können oder der Absatz durch einschlägige Veränderungen im Kunden- oder Marktumfeld beeinflusst wird. Andererseits kann die Methode auf Ergebnisse statistischer Modelle aufsetzen, über die ein erster Absatzvorschlag generiert und der Expertenrunde zu Verfügung gestellt wird. Auf dieser Basis starten die Experten eine Diskussion mit dem Ziel, den auf Basis von Algorithmen entwickelten Absatzvorschlag um subjektive und intuitive Erfahrungen zu ergänzen. Im Anschluss wird über Planungs-Meetings der Absatzplan ermittelt. Die Methode hat den Vorteil, dass relativ schnell eine Absatzplanung erstellt werden kann. Der Nachteil liegt jedoch darin, dass die Experten unter wechselseitigem Einfluss voneinander zu einer gemeinschaftlichen Entscheidung kommen müssen, welche durch die subjektiven Einflüsse von einzelnen Teilnehmern dominiert werden kann.

Delphi Methode: Bei dieser Methode wird der Absatzplan über einen mehrstufigen, iterativen Prozess ermittelt, der endet, wenn die Teilnehmer in ihren Einschätzungen einen Konsens erreicht haben. Der Teilnehmerkreis reicht von Entscheidungsträgern bis hin zu Mitarbeitern ohne Managementfunktion im Unternehmen. Innerhalb der Gruppe werden – meistens anonym – Absatzeinschätzungen abgefragt, die nach der ersten Runde ausgewertet und der Gruppe für die zweite Runde zur Verfügung gestellt werden. Über verschiedene Möglichkeiten der Datenaufbereitung, wie z. B. die Darstellung von um Ausreißer bereinigte Bandbreiten oder Mittelwerte, können die Teilnehmer eine erneute Abschätzung in einem definierten Bereich abgeben. Im Ergebnis erfolgt eine erneute Abschätzung und anschließende Datenaufbereitung mit dem Ziel, über den strukturierten Prozess zu einer einheitlichen Gruppenmeinung zu kommen. Durch die Anonymisierung der Ergebnisse soll vermieden werden, dass einzelne sehr dominante Personen die Planungen einer Gruppe zu stark beeinflussen. Nachteilig sind hingegen der Aufwand, der mit der Durchführung dieses iterativen Prozesses in mehreren Schritten verbunden ist, sowie die relativ starre Struktur des Verfahrens, sodass die Delphi-Methode in der Praxis eine eher kleine Rolle spielt.

Sales Force Composite: Diese Methode ist die in der Praxis wohl bekannteste und am häufigsten angewendete Art der qualitativen Absatzplanung. Der „bottom-up"-Ansatz ist dadurch charakterisiert, dass jeder Vertriebsverantwortliche die Absätze für sein Absatzgebiet oder seine Kunden eigenständig bis zu einem definierten Zeitpunkt plant und die durchgeführten einzelnen Planungen im Anschluss zu einem unternehmensweit gültigem Absatzplan konsolidiert werden. Die Methode setzt voraus, dass die Vertriebsmitarbeiter durch die Nähe zu Absatzmärkten und Kunden umfassendes Wissen für die Erstellung der Absatzpläne haben und diese entsprechend mit hoher Planungsgenauigkeit generieren können. Nachteilige Effekte können entstehen, wenn einzelne Vertriebsmitarbeiter Ihre Absatzschätzungen bewusst oder unbewusst durch politische Einflüsse verfälschen. Zudem ist der Aufwand für diese Methode insbesondere in großen Vertriebsorganisationen relativ hoch.

Jede Methode zur Absatzplanung innerhalb der eigenen Unternehmensgrenzen hat ihre spezifischen Vor- und Nachteile. Die Kunst in der unternehmerischen Praxis liegt darin, sich bestmöglich an den Vorteilen der **quantitativen** sowie **qualitativen Methoden** zu bedienen und die jeweiligen Nachteile durch zielführende Kombinationen zu minimieren. Die konkrete Auswahl hängt hierbei an den charakteristischen Gegebenheiten des Unternehmensumfeldes sowie den Strukturen, Ressourcen und Fähigkeiten im eigenen Unternehmen.

3.4.2 Absatzschätzung Inter-Company

Neben der Absatzplanung Intra-Company, also innerhalb der eigenen Unternehmensgrenzen und somit im eigenen Kontrollbereich, ist der zweite Baustein zur Erreichung des maximalen Nutzens von S&OP die Absatzplanung Inter-Company, also unter kooperativer Einbeziehung weiterer vor- und nachgelagerter Organisationen wie Kunden oder Lieferanten. Diese Form einer unternehmensübergreifenden Planung wird als **kollaborative Planung** bezeichnet. Das Ziel der kollaborativen Planung ist eine Vernetzung von verschiedenen Organisationen und deren Planungsbemühungen, um schlussendlich möglichst alle relevanten Informationen im gesamten Planungsprozess sinnvoll zu verarbeiten und zu einem Planungsoptimum mit möglichst hoher Planungsgenauigkeit im Konsens aller Planungsbeteiligten zu gelangen. Die Vernetzung mehrerer Organisationen ist mehrstufig, sodass verschiedene Lieferanten-Kunden-Beziehungen berücksichtigt werden. Hierbei hat der End-Kunde nur eine Beziehung – eine Kunden-Lieferanten-Beziehung. Im Inneren der Supply Chain hingegen kann beispielsweise der Produzent von Fertigwaren eine Lieferanten-Kunden-Beziehung zum zuvor genannten End-Kunden sowie eine Kunden-Lieferanten-Beziehung zu seinen Zulieferern haben und demnach bei den Planungsbestrebungen beide Rollen einnehmen. Der Informationsfluss und die Entscheidungsfindung sollten entsprechend entlang der Supply Chain alle Supply-Chain-Teilnehmer einbeziehen.

Die relevanten Informationen sind gemeinsam zu definieren, sodass ein regelmäßiger Informationsaustausch anhand von standardisierten Datenpaketen stattfinden kann, welche im Zeitablauf von allen Planungsteilnehmern effizient verarbeitet werden können. Die auszutauschenden Daten beinhalten z. B. eine Bedarfsprognose für alle relevanten Artikel und Artikelteile vom Kunden zum Produzenten bzw. vom Produzenten zum Lieferanten sowie die Bestandshöhen inkl. der Vorgaben zu Sicherheitsbeständen. Sicherheitsbestände werden im Optimalfall auf beiden Stufen der Supply Chain – zwischen Produzent und Lieferanten sowie zwischen Produzent und Kunden – gemeinschaftlich und artikelspezifisch definiert.

Bei der Erstellung der Bedarfsprognosen gilt es wiederum sogenanntes Shortage-Gaming strikt zu vermeiden. Die Bedarfsprognosen, die den vorgelagerten Supply-Chain-Teilnehmern zur Verfügung gestellt werden, sollten die Realität so genau wie möglich widerspiegeln und keine gezielten Aufschläge beinhalten, um die Versorgungssicherheit künstlich zu erhöhen. Diese ist durch die Definition sinnvoller Sicherheitsbestände und Zielbestandsreichweiten bereits gewährleistet. Neben der reinen Übergabe der zahlenbasierten Bedarfsprognose sollten Marketingaktivitäten wie Preisanpassungen bzw. Aktionszeiträume im Rahmen der rechtlichen Möglichkeiten ausgetauscht bzw. kenntlich gemacht werden, um die Interpretation möglicher Ausschläge zu erleichtern. Im zweiten Schritt wird eine Rückmeldung vom Produzenten zum Kunden bzw. vom Lieferanten zum Produzenten hinsichtlich Produktionskapazitäten sowie Lieferzeiten und Realisierbarkeit der Bedarfsprognosen gegeben. Die gesamte Kommunikation sollte sich auf Engpässe im Lieferumfang beschränken, um die Komplexität des Austausches zu reduzieren. Aus diesem Grund erfolgt die Rückkommunikation hinsichtlich der

Produktionskapazitäten und Lieferzeiten nur selektiv für jene Artikel, bei welchen signifikante Mengenabweichungen zu erwarten sind.

Zusätzlich zum datenbasierten Informationsaustausch beinhaltet eine weiterentwickelte kollaborative Planung eine gemeinsame Entscheidungsfindung und das Erreichen eines Planungskonsenses. In diesem Zusammenhang müssen Austauschplattformen, z. B. über ein unternehmensübergreifendes Meeting, geschaffen werden. In dem Meeting werden die unternehmensindividuellen Pläne anhand der ausgetauschten Daten besprochen und validiert und im Ergebnis ein unternehmensübergreifender Plan verabschiedet. Ziel des Austausches ist es, allen Supply-Chain-Teilnehmern alle relevanten Informationen transparent zu machen und mögliche Restriktionen hinsichtlich der Planerfüllung in einzelnen Stufen der Supply Chain zu erörtern und im besten Fall zu lösen. Kann keine Lösung realisiert werden, müssen kollaborativ die Bedarfspläne über alle Ebenen der Supply Chain angepasst werden, indem Bedarfe beispielsweise zeitlich verschoben werden. Die Herausforderung hierbei liegt wiederum darin, im Gesamtoptimum der Supply Chain zu arbeiten, und das Optimum einer einzelnen Organisation diesem unterzuordnen. Positive monetäre Effekte in einer Organisationseinheit zulasten einer anderen Organisationseinheit müssen diesbezüglich partnerschaftlich bewertet und verteilt werden. Dies kann über Preisnachlässe, Ausgleichszahlungen oder anderweitige Vergütungsmodelle geschehen.

Für den Informationsaustausch über Unternehmensgrenzen hinweg sowie für den Prozess der gemeinsamen Entscheidungsfindung und das Erreichen eines Planungskonsenses bedarf es eines Supply-Chain-Teilnehmers, der die Rolle des Vorantreibers übernimmt und die weiteren Supply-Chain-Teilnehmer koordiniert. Hierbei bietet sich in der Konsumgüterindustrie der Produzent von Fertigwaren an, welcher im Inneren der Supply Chain die wesentliche Schnittstelle einerseits zu den Handelskunden sowie andererseits zu den Vorlieferanten darstellt. In der Automobilindustrie wäre der Inhaber dieser Rolle typischerweise der Automobilhersteller mit der größten Machtstellung innerhalb der Supply Chain. Der Inhaber der Rolle definiert beispielsweise die auszutauschenden Informationen und zugrunde liegenden Daten sowie Datenformate oder andere zu leistende Beiträge eines jeden Supply-Chain-Teilnehmers, Meeting-Rhythmen und -Teilnehmer oder allgemeine Regeln der Kommunikation zwischen den Organisationen. Des Weiteren kann es dieser Rolle obliegen, sicherzustellen, dass sich für alle Supply-Chain-Teilnehmer dauerhafte Win-Win-Situationen ergeben und Erfolge entsprechend gemeinschaftlich verteilt werden. Ständige Entscheidungen zulasten eines Supply-Chain-Teilnehmers sind im Sinne der Nachhaltigkeit der Partnerschaften strikt zu vermeiden.

Die exakte Ausprägung der unternehmensübergreifenden Absatzplanung hängt vom individuellen Geschäftsumfeld, von einzelnen Nachfrageverläufen und -unsicherheiten sowie der Werthaltigkeit einzelner Artikel und Artikelteile ab. Die Herausforderung in der unternehmerischen Praxis liegt darin, eine Kosten- bzw. Aufwand-Nutzen-Analyse durchzuführen, und einen erhöhten Detailgrad der kollaborativen Planungsbemühungen mittels klarem Mehrwert für die gesamte Supply Chain sowie die einzelnen Supply-Chain-Teilnehmer zu rechtfertigen.

In der Vergangenheit, insbesondere in den 1990er und 2000er Jahren, hat es unter den Oberbegriffen Efficient Consumer Response (ECR), Collaborative Development Chain Management (CDCM) und insbesondere Collaborative Planning, Forecasting, and Replenishment (CPFR) bereits mehrere Versuche gegeben, eine gemeinschaftliche Absatzplanung zwischen Handel und Hersteller zu implementieren. Abb. 3.16 zeigt die wesentlichen Charakteristika der oben genannten Ansätze. Hierzu ist allerdings festzuhalten, dass sich die Komponente der unternehmensübergreifenden gemeinschaftlichen Absatzplanung bislang nur wenig durchgesetzt hat und dass die Konzepte nur in begrenztem Umfang flächendeckend ausgerollt wurden.

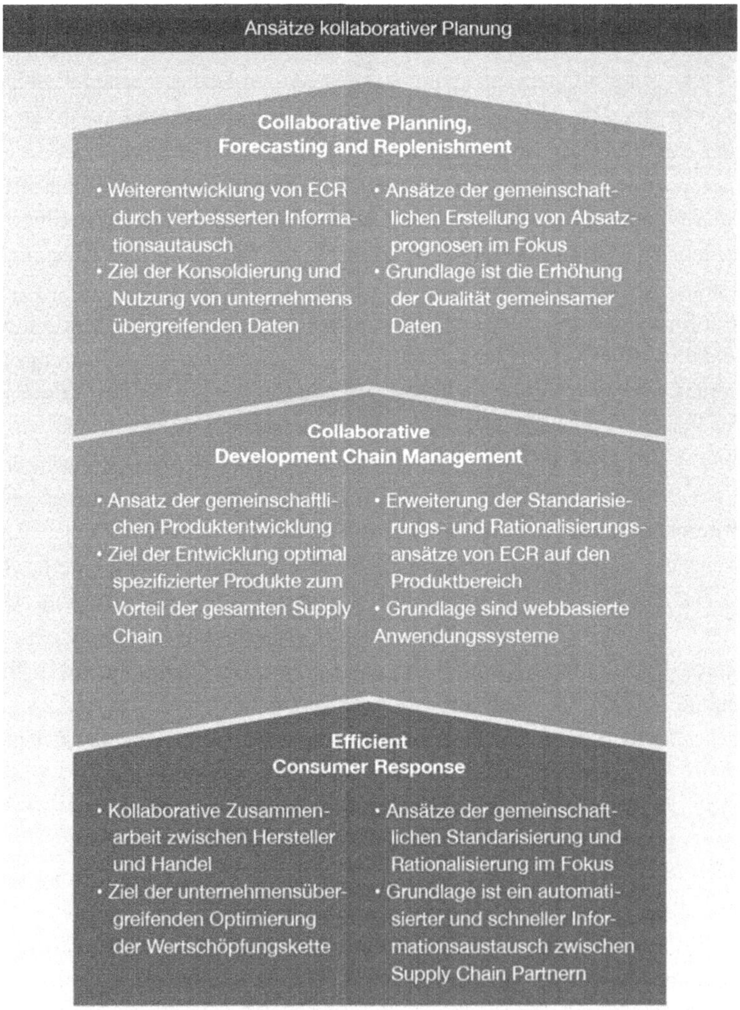

Abb. 3.16 Ansätze kollaborativer Planung

3.5 Abgleich des Kapazitätsangebots

3.5.1 Grundlagen

Nachdem im vorherigen Kapitel die Herleitung des Kapazitätsbedarfs beschrieben wurde, geht es nun darum, das Kapazitätsangebot zu quantifizieren und mit der Nachfrage abzugleichen. Ziel dieses Schrittes ist es, Engpässe zu identifizieren und aufzulösen, bevor sie auftreten. Der Abgleich von Angebot und Nachfrage geschieht dabei nicht nur auf höchster Planungsebene, sondern muss für jedes Sortiment und jeden Artikel durchgeführt werden. Hinzu kommt, dass die Balance nicht vereinfacht über den gesamten Betrachtungszeitraum des S&OP-Prozesses kumuliert, sondern für jedes einzelne zeitliche Nachfrageintervall (z. B. einen Monat) hergestellt werden muss. Im Ergebnis muss die gesamte Prozesskette des Unternehmens hinsichtlich potenzieller Engpässe durchleuchtet werden. Die Bestimmung des Kapazitätsangebots und der entsprechenden Engpässe ist je nach Branche und Unternehmen sehr unterschiedlich ausgestaltet. Dougherty und Gray (2006) erläutern beispielsweise anhand von 13 Fallbeispielen, welche unterschiedlichen Aspekte und Faktoren bei der Ermittlung des Kapazitätsangebots eine Rolle spielen können. Der Abgleich von Kapazitätsbedarfen und Kapazitätsangebot kann ohne eine entsprechende IT-Unterstützung kaum durchgeführt werden. Viele Anbieter von Enterprise-Resource-Planning (ERP)-Systemen und Advanced-Planning-Systemen (APS) bieten diese Funktionalitäten an. Ein klarer Marktführer für dieses Modul – analog zu SAP im Bereich der ERP-Systeme – hat sich am Markt allerdings nicht durchgesetzt, sodass in der Praxis unterschiedlichste, auch eigenprogrammierte und Office-basierte Lösungen verwendet werden. Für eine ausführliche Darstellung der S&OP-Funktionen von SAP-IBP wird beispielsweise auf Markin und Sinha (2017) verwiesen.

Quick-Check – Bewerten Sie sich selbst: Wie erfolgen die Auflösung der Kapazitätsnachfrage und deren Abgleich mit dem Kapazitätsangebot in Ihrem Unternehmen?

Stage 1 – Beginner:

- Keine durchgängig aufgelösten Bedarfspläne
- Bedarfsbestimmung nach „Bauchgefühl"

Stage 2 – Basic:

- Händisch oder teilautomatisch erzeugte, aufgelöste Bedarfspläne
- Bedarfsbestimmung als Kombination von Analysen und „Bauchgefühl"

Stage 3 – Advanced:

- Teilweise automatisierte Bedarfsauflösung
- Einsatz von Standard-Office-Software
- Bedarfsbestimmung auf Analysen fokussiert

Stage 4 – World Class:

- Erstellung der Bedarfspläne durch Einsatz von spezialisierten IT-Lösungen
- Automatisierte Bedarfsermittlung über mehrere Produktionsstufen hinweg
- Automatisierter Abgleich mit Kapazitäten pro Produktionsstufe

In der Konsumgüterindustrie besteht die zu prüfende Prozesskette häufig aus den folgenden Schritten (siehe Abb. 3.17):

1. Herstellung Rohstoffe/Verpackungsmaterial durch Vorlieferanten
2. Anlieferung Rohstoffe/Verpackungsmaterial
3. Herstellung der Fertigartikel („MAKE")
4. Verpackung/Abfüllung der Fertigartikel („PACK")
5. Lagerung der Fertigartikel
6. Auslieferung der Fertigartikel

Im Produktionsbereich sind alle Produktionsschritte im Einzelnen zu analysieren. Viele Unternehmen der Konsumgüterindustrie, insbesondere in der Nahrungsmittel- und Getränkeindustrie, sind dabei durch einen zweistufigen Produktionsprozess gekennzeichnet. Im ersten Schritt wird ein Substrat erstellt (z. B. eine Biersorte – MAKE), das dann im zweiten Schritt in eine bestimmte Verpackung gegeben wird (z. B. in eine 0,5 Liter-Flasche abgefüllt – PACK). Engpässe können dabei potenziell in allen Prozessschritten auftreten, daher sind auch alle Produktionsschritte zu analysieren.

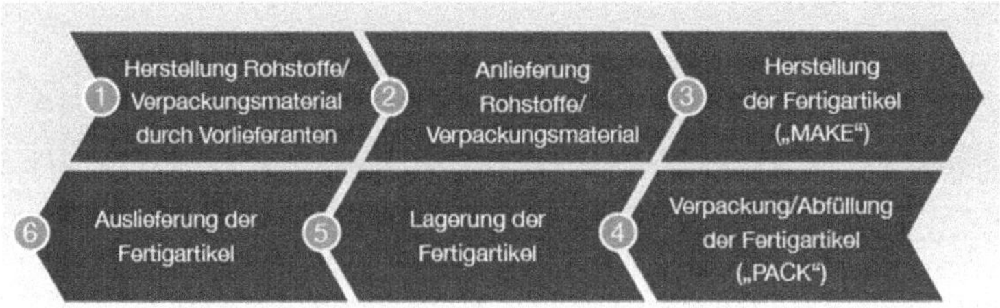

Abb. 3.17 Prozesskette Konsumgüterindustrie

Grundsätzlich besteht bei jeder Engpassprüfung zunächst einmal die Herausforderung, die Einheiten, in denen die Nachfrage gegeben ist (z. B. Stück oder Liter), in die Einheiten der Artikel, bei denen der Engpass auftritt, umzurechnen. Die Einheiten der Engpass-Artikel sind dabei entlang der Prozesskette zumeist unterschiedlich, z. B. Paletten im Transport, Stück in der Abfüllung, Liter oder Kilogramm in der Herstellung etc., sodass im Ergebnis eine komplexe mehrstufige Umrechnung erforderlich ist.

Zudem sollten die angegebenen Kapazitäten ebenfalls im Rahmen der Analyse kritisch hinterfragt werden, um sicherzustellen, dass angegebene Leistungen auch erbracht werden können. Dazu bietet es sich an, pro Prozessschritt im Rahmen der S&OP-Analysen ein Review der Performance des vergangenen Monats durchzuführen und auf dieser Basis ggf. Anpassungen an den Kapazitätsangaben vorzunehmen. Diese Anpassungen können sowohl positiver als auch negativer Art sein. So führen zu optimistische Kapazitätsangaben am Ende der Kette zu einer geringeren Lieferfähigkeit und Lieferzusagen an Kunden können nicht eingehalten werden. Andererseits sind zu pessimistische oder zu konservative Kapazitätsangaben ebenfalls kontraproduktiv, da es hier zu Absagen von Kundenaufträgen kommen kann, die möglicherweise hätten ausgeführt werden können. Wie in Abb. 3.18 dargestellt, sollten zur Vermeidung von Engpässen Kapazitätsabgleiche in den Bereichen Transport, Fertigwarenlager, Produktion (sowohl PACK als auch MAKE) und Vorlieferanten (inkl. Eingangsfrachten) erfolgen. Auf diese vier Bereiche wird in den folgenden Unterkapiteln detailliert eingegangen.

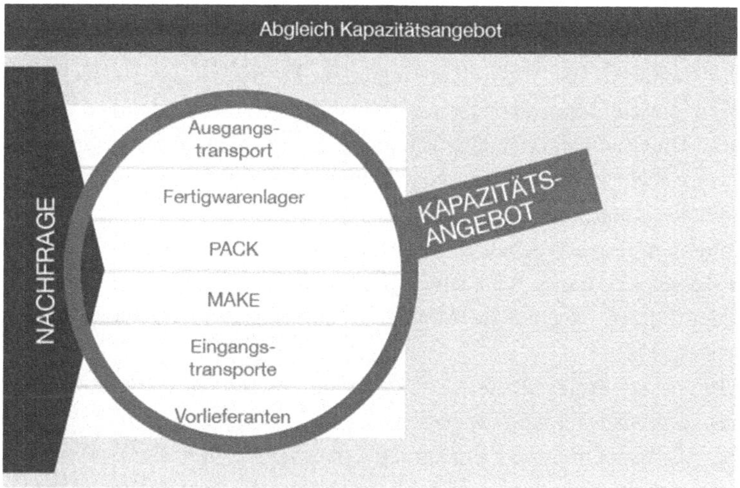

Abb. 3.18 Abgleich Kapazitätsangebot

3.5.2 Abgleich Transportkapazität

Im ersten Schritt der Engpassprüfung ist der Transport der Fertigware zum Kunden sicherzustellen. Für diese Prüfung sind die prognostizierten Absätze zunächst einmal über einen Umrechnungsfaktor auf die Einheit umzurechnen, in der Transportkapazitäten gemessen werden. In der Konsumgüterindustrie ist dies häufig der Stellplatz oder die Palette, sodass die Anzahl der zu bewegenden Paletten in einem Zeitintervall über Palettierungsfaktoren ermittelt werden muss (Kapazitätsnachfrage). Für die Berechnung des benötigten Transportraums ist die Gesamtmenge um die Mengen der selbstabholenden Kunden zu bereinigen.

In vielen Unternehmen der Konsumgüterindustrie stellen die Outbound-Transporte im Regelfall keinen besonderen Engpass in der Prozesskette dar, da zum Beispiel zusätzliche LKW-Kapazitäten bei Logistikdienstleistern am Markt beschafft werden können. Ausnahmen von dieser Regel gibt es jedoch, einige Beispiele seien an dieser Stelle genannt:

In stark **aktionsgetriebenen Sortimenten** können Aktionsvolumina ein Vielfaches des Regelabsatzes ausmachen, sodass diese Aktionen/Promotions nicht nur absatzseitig möglichst präzise zu planen, sondern auch mit entsprechenden Transportkapazitäten zu hinterlegen sind. Insbesondere an logistisch abgelegenen Standorten kann dies eine immense Herausforderung darstellen.

Im Handel werden bestimmte Sortimente häufig am gleichen Wochentag disponiert. **Bei stark saisonalen Absätzen** haben daher alle Unternehmen einer Branche am gleichen Wochentag ihren Absatz-Peak. Sollten diese Unternehmen in geographischer Nähe liegen oder auf die gleichen Transportunternehmer zurückgreifen, entstehen schnell Engpässe.

Wird das Regelgeschäft mit einem **eigenen Fuhrpark** abgewickelt, kann durch Absatzspitzen die Situation entstehen, dass auf externe Unternehmer zurückgegriffen werden muss. Diese stehen ohne ausreichende Vorlaufzeiten in diesen Sondersituationen möglicherweise nicht zur Verfügung oder können nicht in der erforderlichen Zeit an die IT-Strukturen des Unternehmens angeschlossen werden.

An bestimmten Tagen/Wochen im Jahr kann eine **Verknappung des zur Verfügung stehenden Transportraums** beobachtet werden. Dies ist beispielsweise in der Osterwoche, in den kurzen Wochen im Mai/Juni, beim Tag der deutschen Einheit und vor Weihnachten der Fall.

Sollten Engpässe festgestellt werden, können diese über eine Reihe von Maßnahmen häufig noch aufgelöst werden. Einer der wesentliche Hebel ist hierbei die aktive und ausgeweitete Vordisposition von Frachtraum. In eingespielten S&OP-Prozessen können Absätze mit einer deutlich gesteigerten Prognosegüte geplant werden. Auf dieser Basis kann die Transportdisposition mit einem verlängerten zeitlichen Vorlauf Frachtkapazitäten am Markt zukaufen und so auch in engen Märkten erhöhte Kapazitäten sicherstellen.

Ein weiterer Hebel ist die Kontaktaufnahme mit dem Kunden, z. B. dem Handel, um die Auslieferung bestimmter Volumina gezielt auf einen anderen Wochentag zu legen, und so die Lieferfähigkeit sicherzustellen. Ebenso kann versucht werden, die Auslieferung bestimmter Produkte von einem anderen Auslieferungslager durchführen zu lassen, an dem möglicherweise ausreichend Transportkapazitäten zur Verfügung stehen.

3.5.3 Abgleich Lagerkapazität

Nach der Prüfung des bereitzustellenden Transportraums ist der nächste Schritt im Falle einer lagerbezogenen Produktion (Make-to-Stock, MTS) die Überprüfung der Fertigwarenbestände; im Falle einer auftragsbezogenen Produktion (Make-to-Order, MTO), bei der die Produkte – wenn überhaupt – nur sehr kurz im Fertigwarenlager verweilen, kann direkt mit dem Abgleich der Produktionskapazitäten begonnen werden. In Abb. 3.19 wird gezeigt, in wie weit ein konkreter Kundenauftrag in die Prozesse des Herstellers eingreifen kann. Die weiß gekennzeichneten Prozessschritte werden jeweils auf Basis des Forecasts durchgeführt. Die nachgelagerten, grau markierten Prozessschritte werden erst ausgeführt, nachdem die Planmengen mit tatsächlichen Kundenaufträgen hinterlegt sind.

Bei der Analyse der Fertigwarenbestände bietet es sich an, zunächst einmal eine Reichweitenberechnung der aktuellen Bestände vorzunehmen, indem der aktuell

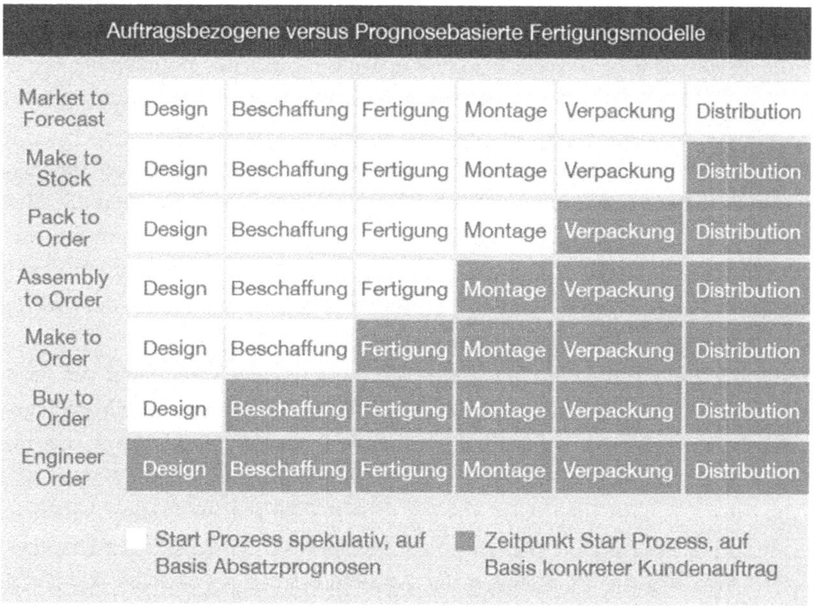

Abb. 3.19 Grade der Prozessausrichtung nach Absatzprognose

verfügbare Lagerbestand mit den geplanten Absätzen des Vertriebs in Relation gestellt und eine Reichweite in Tagen für jeden Fertigwarenartikel berechnet wird. So können die kritischen Artikel schnell identifiziert werden.

In einem zweiten Schritt sind dann die geplanten kurzfristigen Bestandszugänge in die Berechnung aufzunehmen. Zugänge zum Fertigwarenlager können dabei aus der eigenen Produktion stammen oder im Falle der Fremdvergabe von Produktionsmengen durch dritte Unternehmen angeliefert werden. Da diese Analyse je nach Unternehmen sehr aufwendig sein kann, ist es möglich, die Berechnung der Fertigwarenzugänge auf die kritischen Artikel mit sehr kurzen Reichweiten zu beschränken. Für Artikel, deren Reichweite selbst nach der Integration der geplanten Zugänge noch zu gering ist, sind dann gezielte Optimierungsmaßnahmen durchzuführen. Naheliegend ist hier zunächst einmal die Erhöhung der geplanten Zugänge, entweder durch eigene Herstellung oder Produktion von Dritten. Dazu sind jedoch gegebenenfalls Produktionspläne kurzfristig zu ändern, was nicht in allen Fällen möglich ist. Sollte eine Änderung des Produktionsplans nicht möglich sein, sind im weiteren Prozessverlauf gemeinsam mit dem Vertrieb mögliche Alternativen zu besprechen. Ein Beispiel ist die Verschiebung von Aktionen oder die Lieferung alternativer Artikel.

Bei Abgleich der Fertigwarenbestände mit der geplanten Nachfrage sind in der Konsumgüterindustrie eine Reihe von Sonderthemen zu berücksichtigen. Nachfolgend sind drei Beispiele genannt, die den verfügbaren Bestand einer Fertigware reduzieren, und zur Berechnung des tatsächlich verfügbaren Bestandes berücksichtig werden müssen:

Quarantäne- oder Reifezeiten: Insbesondere bei Nahrungsmitteln und Getränken gelten für viele Fertigwaren Quarantänezeiten oder Reifezeiten. Erst nach deren Ablauf dürfen die Produkte in den Verkehr gebracht werden. Bei der Berechnung der verfügbaren Bestände dürfen die Chargen nur nach Ablauf von Sperrzeiten als verfügbar betrachtet werden.

Mindestbestände: Da die Absätze in der Konsumgüterindustrie vielfach schwierig zu prognostizieren sind und der tatsächliche Absatz teilweise deutlich über dem Prognosewert liegen kann, planen viele Unternehmen mit Mindestbeständen, die nicht unterschritten werden sollen. Diese Mindestbestände, die zum Ausgleich ungeplanter Absatzspitzen herangezogen werden, dürfen bei der Berechnung des verfügbaren Bestandes vorerst nicht berücksichtigt werden.

Veredelung von Produkten: Die Weiterverarbeitung oder Veredelung von Produkten, z. B. zu Displays, ist in der Konsumgüterindustrie eine weit verbreitete Vorgehensweise. Diese Displays werden idealerweise erst kurz vor Auslieferung gebaut, um unnötige Lagerbestände zu vermeiden. Erschwerend kommt hinzu, dass viele Handelsaktionen, für welche die Displays eingesetzt werden, einen sehr kurzen Vorlauf haben und die genaue Anzahl der benötigten Displays nicht bekannt ist. Der Absatz der Displays kann, wie andere Artikel auch, im Rahmen der Absatzprognose abgeschätzt werden. Da die Displays aber aus Fertigwaren zusammengesetzt werden, sind die für den Displaybau erforderlichen Fertigwaren aus dem verfügbaren Bestand herauszurechnen.

Nach dem beschriebenen Abgleich der Fertigwarenbestände mit der Absatzprognose stehen die Mengen fest, die durch die Produktion zur Verfügung zu stellen sind. Zusätzlich ist auch bekannt, welche Mengen zu welchem Zeitpunkt bereitzustellen sind.

3.5.4 Abgleich Produktionskapazität

In einer mehrstufigen Produktionsumgebung ist die Engpassprüfung generell für alle Produktionsschritte durchzuführen. Da Unternehmen der Konsumgüterindustrie wie in Abschn. 3.5.1 erläutert häufig durch eine **MAKE & PACK**-Produktionsstruktur gekennzeichnet sind, wird die Engpassprüfung an diesem Beispiel erläutert.

Im Bereich **PACK,** also der Verpackung oder der Abfüllung von Produkten, erfolgt der Abgleich der Nachfrage mit der Produktionskapazität im Regelfall auf Basis von **Standard-Linienleistungen** (also der Ausbringungsmenge pro Stunde oder pro Schicht) und dem geplanten Schichtmodell (also z. B. der Anzahl der Schichten pro Woche). Die Linienleistungen können dabei starken Schwankungen unterliegen, die z. B. durch eine wechselnde Sortimentskomplexität (große Chargen weniger Artikel können effizienter produziert werden als kleine Chargen vieler Artikel) oder durch technische Störungen an den Anlagen bedingt sind. Das Review der tatsächlich erbrachten Anlagenleistung unter Berücksichtigung von gefertigten Sortimenten und möglichen Sondereffekten ist daher ein Kernelement von S&OP-Prozessen in der Konsumgüterindustrie, da bei strukturellen Abweichungen von der Plan-Anlagenleistung erhebliche Über- oder Unterkapazitäten entstehen können.

Der zweite kapazitätsbestimmende Faktor im Bereich PACK ist das implementierte **Schichtmodell.** Hier ist zunächst einmal zu überprüfen, welche Mengen im eingeplanten Standard-Schichtmodell gefertigt werden können. Sollten Anpassungen am Schichtmodell erforderlich sein (Zusatz- oder Freischichten), können diese auf Basis der mittelfristigen Absatzprognose nur mit ausreichendem zeitlichen Vorlauf erfolgen. Ab einer gewissen Größe existiert in den meisten Unternehmen ein Betriebsrat, mit dem Anpassungen des Schichtmodells abzustimmen sind. Insbesondere bei Wochenend- oder Nachtschichten legen sowohl die Mitarbeiter als auch der Betriebsrat als deren Interessenvertretung häufig einen hohen Wert auf einen längeren zeitlichen Vorlauf der Änderungen, da somit auch das Privatleben der Mitarbeiter planbarer wird. Zusatzschichten, die nachts oder am Wochenende (oder sogar nachts am Wochenende) anfallen, sind in vielen Betriebsvereinbarungen mit Zuschlägen versehen. Bei der Einplanung solcher Zusatzschichten muss dementsprechend die Kapazitätserweiterungsoption gegen andere Optionen, wie z. B. die Fremdvergabe von Volumina oder die Vorproduktion in nachfrageschwächeren Zeiten unter Berücksichtigung der Gesamtkosten abgewogen werden.

Ein dritter kapazitätsbestimmender Faktor im Bereich PACK ist die **Losgrößen- und Reihenfolgeplanung.** Grundsätzlich basiert die Standard-Linienleistung auf durchschnittlichen Rüst- und Reinigungszeiten. Ungeplante oder zu ungenau geplante

Kapazitätsbedarfe führen jedoch häufig zu kleineren Losgrößen und schlecht aufeinander abgestimmten Produktionsreihenfolgen, da die Produktion hier zeitnah reagieren und teilweise stark vom wirtschaftlichen Optimum abweichen muss. Die damit verbundenen erhöhten Rüst- und Reinigungszeiten auf den Anlagen wirken dann im Vergleich zur Standard-Linienleistung kapazitätsreduzierend. Eine mittelfristige Planung mit hoher Prognosegüte kann daher einen kapazitätssteigernden Effekt haben, der bei der Berechnung der Gesamtkapazität nicht zu vernachlässigen ist.

Nach der Berechnung der Kapazitätsauslastung im Bereich PACK folgt im Anschluss die Bewertung des Bereichs **MAKE.** MAKE beschreibt die Herstellung des eigentlichen Produktes, also beispielsweise die Herstellung eines Getränks in der Getränkeindustrie. In der Nahrungsmittelindustrie basiert daher der Bereich MAKE zu großen Teilen auf Rezepturen. Für die Ermittlung der erforderlichen Kapazität ist im ersten Schritt die Verkettung von Produktionsaufträgen, das sogenannte **„Pegging"**, zu beachten. So hat der Bereich MAKE die erforderlichen Produkte für den Bereich PACK rechtzeitig bereitzustellen. Da eine Rezeptur Bestandteil mehrerer Endprodukte sein kann, muss bei der Bestimmung der verfügbaren Kapazität darauf geachtet werden, dass jedes Zwischenprodukt nur einmal verplant wird. Dazu bedarf es Stücklistenauflösungen aller benötigten Fertigwaren. In vielen Branchen besteht eine zusätzliche Herausforderung darin, dass zwischen dem Prozessschritt MAKE und dem Prozessschritt PACK eine erhebliche zeitliche Differenz bestehen kann. Beispiele für Produkte mit hoher zeitlicher Differenz sind sämtliche Artikel mit langen Reifezeiten wie Salami, Käse, Whiskey oder Sekt. In diesen Fällen beinhaltet der S&OP-Prozess zwei unterschiedliche zeitliche Horizonte, die parallel beplant werden müssen.

Die Berechnung der zur Verfügung stehenden Kapazität im Bereich MAKE kann dann analog zum Bereich PACK erfolgen, indem die geplanten Schichten mit den Standard-Ausbringungsmengen pro Schicht hochgerechnet werden.

3.5.5 Abgleich Lieferantenkapazität

Im letzten Schritt wird ein Abgleich des geplanten Produktionsprogramms mit den Lieferanten-Kapazitäten durchgeführt. Grundsätzlich ist dazu eine Stücklistenauflösung der Fertigwaren durchzuführen, um die Bedarfe jedes einzelnen Materials in jedem Zeitintervall des Prognosezeitraums zu ermitteln. Diese Brutto-Bedarfe sind mit evtl. vorhandenen Lagerbeständen der Materialien zu saldieren, um die Netto-Bedarfe im Prognosezeitraum zu erhalten. Hierbei dürfen Sicherheitsbestände wiederum nicht berücksichtigt werden. Zum Abgleich der Netto-Bedarfe mit den Kapazitäten der Lieferanten sind abschließend noch die Vorlaufzeiten zu berücksichtigen, die standardmäßig mit den Lieferanten vereinbart sind. Im Ergebnis entsteht ein um die Vorlaufzeit versetzter Kapazitätsbedarf für einzelne Lieferanten, der nun gemeinsam mit diesen durchgesprochen und gegebenenfalls mengenmäßig fixiert werden kann.

In der Praxis hat es sich aus Effizienzgründen bewährt, auch im Rahmen dieser Analyse die kritischen Materialien zu fokussieren. So gibt es beispielsweise in der Getränkeindustrie viele Materialen, die unter Berücksichtigung entsprechender Vorlaufzeiten relativ unkritisch zu beschaffen sind. Hierzu gehören z. B. Etiketten oder Folien. Im Bereich Behälterglas sieht dies aufgrund knapper Kapazitäten der Glashütten ggf. schon anders aus. Hier ist es durchaus möglich, dass eine hohe Nachfrage nicht zu den Standard-Vorlaufzeiten bedient werden kann, wodurch entsprechende Engpässe entstehen. Die Engpässe bei Lieferanten sind daher im Detail zu analysieren und Alternativoptionen (z. B. Nutzung alternativer Lieferanten bei Standard-Materialien, Vereinbarung von Zusatzkontingenten, Vorziehen der Produktion in nachfrageschwächere Monate etc.) abzuleiten.

Auch im Bereich der Inbound-Logistik können Engpässe entstehen. Dies gilt insbesondere für Transporte mit besonderen Anforderungen und einem begrenzten Anbietermarkt. Hierzu zählen beispielsweise Tankzüge oder temperaturgeführte Transporte. Sollten sich entsprechende Engpässe abzeichnen, kann zunächst über gegensteuernden Maßnahmen, wie in Abschn. 3.5.2 beschrieben, versucht werden, den Engpass auszuräumen. Zusätzlich kann bei ausreichenden Lagerkapazitäten auch eine Vorverlagerung der Anlieferung in nachfrageschwächere Zeiten geprüft werden.

Literatur

Dougherty J, Gray C (2006) Sales & operations planning – best practices. Trafford, Victoria

Gilliland M (2010) The business forecasting deal. Wiley, Hoboken

Kühnapfel JB (2014) Vertriebsprognosen. Springer, Wiesbaden

Markin S, Sinha A (2017) SAP integrated business planning – functionality and implementation. Rheinwerk, Boston

Sheldon DH (2006) World class sales & operations planning. Ft. Lauderdale, Ross

Singh H (2011) Enhancing your supply chain – a practical guide for improving sales and operations planning. Arkieva, Wilmington

Tinker EJ (2015) Sales & operations planning results – find, measure, and manage results throughout your supply chain. Pace, New York

4 Systemgestützte Absatzplanung

Zusammenfassung

Für die Einführung einer Prognosesoftware sind zunächst die Anforderungen des Unternehmens an eine Prognosesoftware im Sinne eines Lastenheftes zu beschreiben. Die Erstellung einer Absatzprognose kann durch eine Reihe mathematischer Verfahren unterstützt werden. Zur Messung der Qualität bzw. der Güte einer Absatzprognose stehen unterschiedliche Gütemaße zur Verfügung. Der Markt für Prognosesoftware besteht aus zahlreichen unterschiedlichen Systemen und Anbietern. Zur Auswahl einer Prognosesoftware hat es sich bewährt, einen strukturierten Implementierungsprozess zu durchlaufen, der aus den Schritten „Nutzenbewertung", „Anbieterauswahl" und „Systemeinführung" besteht.

4.1 Anforderungen an eine Prognosesoftware

Zur Unterstützung des Prozesses der Absatzplanung stehen heutzutage spezialisierte Softwaresysteme zur Verfügung, die insbesondere mathematische Methoden bereitstellen, um automatisch auf Basis von Vergangenheitsdaten eine Prognoserechnung durchzuführen. Gleichzeitig ermöglichen diese Systeme eine kollaborative Erstellung der Absatzprognose. Daher haben diese Werkzeuge im Vergleich zu herkömmlichen, manuellen Prozessen zwei wesentliche Vorteile:

Einsatz von Prognosealgorithmen: Zum einen kann durch den Einsatz von Prognosealgorithmen die Qualität der Absatzplanung regelmäßig deutlich gesteigert werden. Die Steigerung der Prognosegüte kann in diesem Zusammenhang gut über entsprechende automatisch generierte Kennzahlen verfolgt werden.

Reduzierung Planungsaufwand: Zum anderen wird durch die eingesetzten Systeme auch der Aufwand für die Absatzplanung reduziert, da viele Funktionen angeboten werden, welche die Erstellung von Absatzprognosen vereinfachen.

M. Lütke Entrup und D. Goetjes, *Sales & Operations Planning in der Konsumgüterindustrie*, https://doi.org/10.1007/978-3-658-22891-0_4

Am Markt sind mittlerweile zahlreiche Softwareprodukte erhältlich, die sich hinsichtlich ihres Funktionsumfangs und Ihrer Preisstellung deutlich unterscheiden. Für Unternehmen ist es daher entscheidend, zunächst einmal die eigenen Anforderungen an eine Systemunterstützung der Absatzplanung stringent zu ermitteln, um auf dieser Basis jenes Produkt auszuwählen, das die Anforderungen am besten abdeckt und gleichzeitig ein gutes Preis-Leistungsverhältnis bietet. Grundsätzlich können die Anforderungen an Prognosesoftware in die folgenden vier Bereiche unterteilt werden (Abb. 4.1):

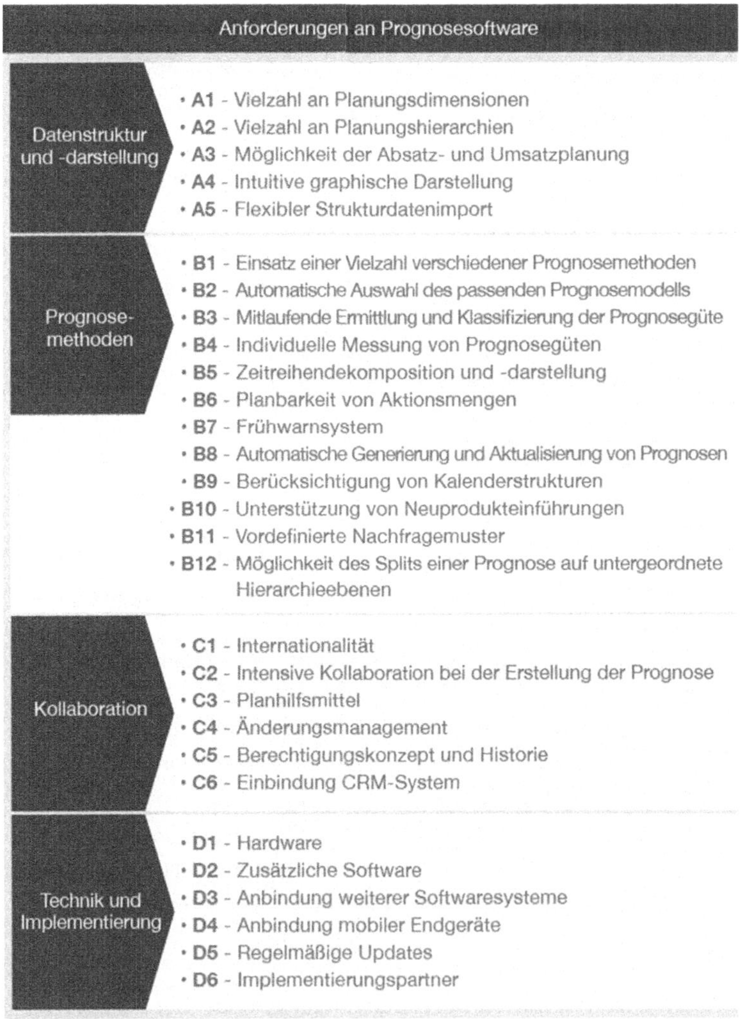

Abb. 4.1 Anforderungen an Prognosesoftware

1. **Anforderungen an Datenstruktur und -darstellung (Abschn. 4.1.1)**
2. **Anforderungen an Prognosemethoden (Abschn. 4.1.2)**
3. **Anforderungen an Kollaboration (Abschn. 4.1.3)**
4. **Anforderungen an Technik & Implementierung (Abschn. 4.1.4)**

Im nächsten Abschnitt wird eine Auswahl möglicher Anforderungen an Prognosesoftware gegeben (vgl. Lütke Entrup 2005; Kilger und Wagner 2010). Zusätzlich werden jeweils Fragen aufgeführt, die einem Systemanbieter gestellt werden sollten, um den tatsächlichen Leistungsstand der einzelnen Systeme hinsichtlich dieser Anforderungen zu eruieren. Zu beachten ist, dass nicht alle der genannten Anforderungen für alle Unternehmen von gleich hoher Bedeutung sind. Daher ist es essenziell zu ermitteln, welche Funktionen für die unternehmensindividuelle Absatzplanung von entscheidender Bedeutung sind („must-have"), welche Funktionen eine große Hilfe darstellen würden („should-have") und welche Funktionen zwar nützlich wären, auf die aber möglicherweise verzichtet werden kann („nice-to-have").

4.1.1 Anforderungen an Datenstruktur und -darstellung

Zu Beginn ist sicherzustellen, dass die auszuwählende Prognosesoftware die grundlegenden Datenstrukturen des Unternehmens abbilden kann. Dazu muss die Software insbesondere die entsprechenden Planungsdimensionen und -hierarchien bereitstellen.

A1 – Vielzahl an Planungsdimensionen: In der Konsumgüterindustrie können sehr viele unterschiedliche Artikelcharakteristika für die Planung relevant sein. Neben den Basisdimensionen Artikel und Kunde gehören hierzu u. a. Geographien, Verpackungsformate oder Rezepturen. So können z. B. Absatzsteigerungen nur in bestimmten Regionen oder bei bestimmten Verpackungsformaten auftreten. Eine weitere Planungsdimension ist die Zeit, die beispielsweise in Tagen, Wochen, Monaten oder Quartalen dargestellt werden kann. Eine Prognosesoftware sollte eine Vielzahl von Planungsdimensionen ermöglichen und gleichzeitig sicherstellen, dass diese vollständig miteinander verknüpft sind, sodass eine Anpassung in einer bestimmten Planungsdimension auch automatisch in den anderen Planungsdimensionen richtig reflektiert wird. Idealerweise wird die Anzahl der Planungsdimensionen durch das System nicht begrenzt.

Zu klärende Fragen
Welche Planungsdimensionen stehen zur Verfügung?
Wie genau sind diese miteinander verknüpft?

A2 – Vielzahl an Planungshierarchien: In den Planungsdimensionen sollte jeweils eine Vielzahl an Planungshierarchien zur Verfügung stehen. So besteht z. B. eine Kundenhierarchie des deutschen Einzelhandels aus fünf oder mehr Stufen (z. B. von der EDEKA national bis herunter auf die Ebene des Zentrallagers oder sogar der Filiale als Warenempfänger). Prognosedaten sollten auf allen notwendigen Hierarchiestufen dargestellt und angepasst werden können. Auch die Anzahl der Planungshierarchien sollte durch das System nicht limitiert werden. Ein Wechsel der Hierarchieebene sollte an jeder Stelle der Hierarchie einfach möglich sein (z. B. über sogenannte „Drill-Down"-Funktionen, durch die ein „Heruntersteigen" auf tiefere Datenebenen ermöglicht wird, um die detaillierten Daten zu einer Navigationsebene zu betrachten).

Zu klärende Fragen
Welche Planungshierarchien stehen in den einzelnen Planungsdimensionen standardmäßig zur Verfügung?
Wie viele Planungshierarchien können maximal abgebildet werden?

A3 – Möglichkeit der Absatz- und Umsatzplanung: Neben der reinen Absatzplanung ist in vielen Branchen auch die Planung der Umsätze wesentlich, da die Preisstellung der Produkte häufig wiederum einen Einfluss auf den Absatz hat. So führen z. B. steigende Rohwarenpreise in Branchen mit hohem Rohstoffanteil zu höheren Absatzpreisen, die wiederum einen negativen Effekt auf die Absätze haben. Eine sinnvolle Planung von Absatzmengen ist in solchen Fällen nur möglich, wenn Absätze und Umsätze parallel geplant werden können. In internationalen Unternehmen kommt erschwerend hinzu, dass mehrere Währungen abgebildet werden müssen.

Zu klärende Fragen
Können neben Absätzen auch Umsätze geplant werden?
Können mehrere Währungen parallel abgebildet werden?
Wie sind diese Funktionalitäten ausgestaltet?

A4 – Intuitive graphische Darstellung: Die Analyse und Interpretation von Prognosedaten wird durch die graphische Darstellung der Daten sehr erleichtert. Bestimmte Muster können erst durch die Visualisierung von Daten überhaupt erkannt werden. Daher ist die Bereitstellung einer Visualisierungs-Toolbox für die Erstellung von Graphiken oftmals eine essenzielle Anforderung an eine Prognosesoftware. Standardmäßig sollten z. B. Trends, Saisonalitäten, Lebenszyklen, Ausreißer oder Lücken in einer Absatzkurve graphisch dargestellt werden können. Das Graphikmodul sollte auch für Anwender mit geringen Systemkenntnissen intuitiv zu bedienen sein.

Zu klärende Fragen
Wie werden Planungen graphisch unterstützt?
Wie sieht das graphische Planungstableau aus?

A5 – Flexibler Strukturdatenimport: In den unternehmenseigenen ERP-Systemen werden bei fast allen Konsumgüterherstellern standardmäßig bereits Artikel- und

Kundenhierarchien gepflegt. Daher ist es sinnvoll, diese etablierten Strukturen zu nutzen und in das Prognosesystem über eine Schnittstelle zu übernehmen. Darüber hinaus sollten Änderungen an diesen Strukturen nur in einem System (idealerwiese dem ERP-System) gepflegt werden, um Doppeleingaben zu vermeiden und Fehlerquellen zu reduzieren. Diese Änderungen sollten dann über Schnittstellen an das Prognosesystem übergeben werden.

> **Zu klärende Fragen**
> Wie können in anderen Systemen hinterlegte Strukturdaten (z. B. Artikel- oder Kundenhierarchien) importiert werden?
> Besteht die Möglichkeit von automatischen Schnittstellen?

4.1.2 Anforderungen an Prognosemethoden

Einer der wesentlichen Vorteile der systemgestützten Absatzplanung ist die Steigerung der Prognosequalität. Daher gilt es bei der Systemauswahl zu prüfen, welche statistischen Methoden zur Absatzprognose Systembestandteil sind und wie genau das System eine Prognose auf Basis mathematischer Methoden berechnet.

B1 – Einsatz einer Vielzahl verschiedener Prognosemethoden: In der Konsumgüterindustrie gibt es Produkte mit sehr unterschiedlichen Nachfragemustern wie Trend- und Saisonverläufen, Lebenszyklen, Wetterabhängigkeiten, Aktionen/Promotions sowie zahlreiche Neuprodukte oder sporadisch nachgefragte Artikel. Aus diesem Grund sollte eine Prognosesoftware für die Konsumgüterindustrie viele unterschiedliche Prognosemethoden und ggf. die Einbeziehung externer Faktoren (wie z. B. des Wetters) anbieten, um für alle Nachfrageverläufe ein geeignetes mathematisches Modell einsetzen zu können. Da in bestimmten Situationen das beste Verfahren auch eine Kombination aus mehreren einzelnen Verfahren sein kann, ist eine Methodenkombination ebenfalls wünschenswert.

> **Zu klärende Fragen**
> Welche Prognosemethoden bzw. Algorithmen werden eingesetzt?
> Können verschiedene Modelle in Kombination eingesetzt werden (z. B. als gewichteter Durchschnitt)?

B2 – Automatische Auswahl des passenden Prognosemodells: Die Auswahl der richtigen Prognosemethode für einen bestimmten Absatzverlauf ist eine wesentliche Anforderung an Prognosesoftware. Typischerweise werden hierzu mindestens drei volle Zyklen (z. B. drei Geschäftsjahre) an tatsächlichen Absätzen benötigt. Die Software ermittelt auf Basis der ersten beiden Zyklen mittels der zur Verfügung stehenden Algorithmen eine Prognose für den dritten Zyklus und berechnet für diesen dritten Zyklus die Prognosegüte. Der Algorithmus mit der besten Prognosegüte wird dann für weitere

Prognosen eingesetzt. Neben der Bestimmung des geeigneten Prognoseverfahrens ist auch die Bestimmung der Parameter der einzelnen Verfahren durch die Software durchzuführen. So ist beispielsweise festzulegen, welche Gewichtungen der Grundwert, der Trend oder die Saison bei der Berechnung der Prognose erhalten sollen. Für die Ermittlung dieser Parameter können z. B. Verfahren der linearen Optimierung zum Einsatz kommen, die zum Ziel haben, den Prognosefehler möglichst zu minimieren.

▶ **Zu klärende Fragen**
Wie wird das optimale Prognosemodell für eine bestimmte Zeitreihe ermittelt?
Werden dabei auch Kombinationen verschiedener Modelle geprüft?
Wie werden für einzelne Modelle die optimalen Parameter ermittelt?

B3 – Mitlaufende Ermittlung und Klassifizierung der Prognosegüte: Grundsätzlich sollte ein Prognosesystem die Prognosegüte in allen Planungsdimensionen, allen Planhierarchiestufen und über alle möglichen Zeiträume hinweg automatisch messen können. Dazu stehen eine Reihe von Kennzahlen zur Verfügung (siehe Abschn. 4.3). Wichtig ist zu wissen, welche Kennzahlen ein System standardmäßig zur Verfügung stellt und welche Kennzahlen zusätzlich generiert werden können. Als unterstützende Funktion ist ebenfalls eine Klassifizierung der ermittelten Prognosegüten in verschiedene Kategorien sinnvoll, um einen schnellen Fokus auf die Problembereiche legen zu können. Da das Ziel sein sollte, die Prognosegüte im Zeitablauf zu verbessern, ist ein aussagekräftiges, automatisiertes Prognosegüten-Reporting ein ebenso wichtiger Faktor. Letztendlich ist entscheidend, auf Basis welcher Prognosegüten-Kennzahl entschieden wird, welcher Algorithmus für eine bestimmte Zeitreihe passend ist. Eine Prognosesoftware sollte die Prognosegüten fortlaufend Messen und in einem Report darstellen können, sodass hier kein zusätzlicher Arbeitsaufwand entsteht.

▶ **Zu klärende Fragen**
Auf Basis welcher Kennzahlen wird die Prognosegüte berechnet?
Wie können Prognosegüten klassifiziert werden?
Wie sieht ein Prognosegüten-Report aus?
Wie sind die Auswahl des Prognosemodells und die Ermittlung der Prognosegüte miteinander verzahnt?

B4 – Individuelle Messung von Prognosegüten: Zur Steigerung der Prognosegüte sollte diese individuell für jeden Planer ermittelt und kommuniziert werden. Hierbei ist u. a. festzustellen, ob durch gegebenenfalls getätigte manuelle Anpassungen der vom System prognostizierten Absätze die Prognosegüte überhaupt verbessert werden konnte oder ob es durch die Anpassung sogar zu einer Verschlechterung gekommen ist. Zur individuellen Verbesserung der Prognosegüten einzelner Planer ist darüber hinaus die Kommunikation des sogenannten „Tracking Signal" (siehe Abschn. 4.3) von besonderer Bedeutung, da über diese Kennzahl eine systematische Über- oder Unterschätzung der

Nachfrage aufgezeigt werden kann. Auf Basis dieser Informationen können die Planer ihr Planungsverhalten optimieren. Stellt die Prognosesoftware auch diese Details der Messung von Prognosegüten bereit, ist eine Planungsoptimierung möglich.

Zu klärende Fragen

Wie werden Prognosegüten einzelnen Planern zugeordnet?

Wie wird systematisch ermittelt, ob die initiale oder die manuell durch den Planer überschriebene Prognose überlegen ist?

B5 – Zeitreihendekomposition und -darstellung: Die grundsätzliche Logik der Prognosealgorithmen beruht darauf, dass durch die Erkennung von Mustern in historischen Absatzdaten eine Fortschreibung dieser Muster für die Zukunft erfolgt. Um die Charakteristika einzelner Absatzverläufe zu verstehen, ist es somit notwendig, diese Muster zunächst einmal zu identifizieren. Zu den erkennbaren Mustern gehören beispielsweise der Grundwert, der Trend, Strukturbrüche, einperiodige bzw. mehrperiodige Saisonalitäten oder Produktlebenszyklen. Die Bereitstellung dieser Informationen ermöglicht den Demand Plannern im Unternehmen eine detaillierte Analyse der Absätze eines Artikels oder eines Sortiments und ein besseres Verständnis der vom System vorgeschlagenen Absatzprognose.

Zu klärende Fragen

Welche Muster können im Rahmen einer Zeitreihendekomposition erkannt werden?

Wie können diese Muster im Rahmen der Prognosesoftware kommuniziert und dargestellt werden?

B6 – Planbarkeit von Aktionsmengen: Die Planung von Aktionen/Promotions ist in vielen Branchen der Konsumgüterindustrie die Königsdisziplin der Planung. Grundsätzlich sollten Aktionsmengen unabhängig von der Basismenge eines Artikels geplant werden, da es ansonsten zu erheblichen Verzerrungen kommen kann. Diese Trennung muss dann sowohl in den historischen Absatzdaten als auch in den Prognosedaten erfolgen. Für die effektive Prognose der Aktionsmengen ist somit eine Reihe von Funktionen wünschenswert:

- Ein Katalog vergangener Promotions mit den jeweiligen Mengen und dem Abverkaufspreis erleichtert die Einschätzung zukünftiger Abverkaufsmengen. Die Software sollte daher in der Lage sein, die entsprechenden Informationen zu verwalten.
- Durch den starken Mengenzuwachs bei bestimmten Artikeln und bei bestimmten Kunden werden ggf. Volumina der gleichen Artikel bei anderen Kunden sowie andere Artikel kannibalisiert. Ebenso kannibalisieren Wettbewerber-Promotions die eigenen Mengen, sodass eine separate Planung von Wettbewerber-Promotions sinnvoll sein kann. Die Software sollte somit entsprechende Funktionen anbieten, um diesen Effekt abbilden zu können.

- Für die Bereinigung der Historie um Aktionsmengen und das Mitführen historischer Aktionspreise des Handels kann es ebenfalls sinnvoll sein, spezialisierte Aktionsüberwachungssysteme, wie z. B. Drotax Promotiontracker o. ä. an das System anzubinden. In diesen Systemen wird u. a. nachgehalten, zu welchem Zeitpunkt welche Promotion-Art (z. B. Zweitplatzierung, Handzettel etc.) zu welchem Verkaufspreis durch den Handel durchgeführt wurde. Bei der Einbindung dieser Systeme ist eine zeitliche Differenz zu berücksichtigen, da die Überwachungssysteme den Abverkauf im Handel und nicht den Verkauf des Herstellers an den Händler betrachten.

Zu klärende Fragen

Wie können Aktionsmengen in die Prognosen integriert werden?

Wie können Aktionsmengen und das Basisgeschäft in der Prognose und in der Historie voneinander getrennt werden?

Wie kann eine Kannibalisierung zwischen Produktmengen berücksichtigt werden?

Wie können Wettbewerber-Aktionen berücksichtigt werden?

Wie können Aktionspreise des Handels berücksichtigt werden?

Wie können spezialisierte Aktionsüberwachungssysteme eingebunden werden?

Quick-Check – Bewerten Sie sich selbst: Wie gut planen Sie Ihre Promotions?

Stage 1 – Beginner:

- Ad-hoc-Integration von Promotions, „auf Zuruf"
- Geringes Ausmaß an Systematik

Stage 2 – Basic:

- Promotions regelmäßig integriert
- Zeitlicher Vorlauf optimierbar

Stage 3 – Advanced:

- Eigene und Wettbewerber-Promotions regelmäßig integriert
- Separater Ausweis der Promotion-Mengen in der Planung
- Unmittelbarer Informationsfluss

Stage 4 – World Class:

- Eigene und Wettbewerber-Promotions umfassend integriert
- Separater Ausweis der Promotion-Mengen in der Planung und in den historischen Absatzdaten
- Unmittelbarer und akkurater Informationsfluss

B7 – Frühwarnsystem: Eines der mit der Einführung eines Prognosesystems verbundenen Ziele ist das frühzeitige Erkennen von Abweichungen. Hierbei kann es sich einerseits um Abweichungen der Prognosewerte von historischen Absatzdaten handeln, sodass die Produktion rechtzeitig zusätzliche Mengen bereitstellen muss. Andererseits kann es sich ebenso um Abweichungen bei der Prognosegüte (also um Abweichungen zwischen Prognosewert und Ist-Wert) handeln, sodass planerisch gegengesteuert werden muss, um Überbestände oder OOS-Situationen zu vermeiden. In jedem Fall sollte das System den Planer mittels automatischer „Alerts" im Sinne eines Frühwarnsystems über erkannte systematische Abweichungen, Ausreißer oder Trendbrüche informieren.

▶ **Zu klärende Fragen**
Wie sieht das Frühwarnsystem aus (z. B. Alerts für systematische Abweichungen, Ausreißer oder Trendbrüche etc.)?

B8 – Automatische Generierung und Aktualisierung von Prognosen: In sehr vielen Unternehmen der Konsumgüterindustrie erfolgt die Aktualisierung der Absatzprognose im monatlichen Rhythmus. Die Software sollte nach Abschluss eines Monats automatisch die Absatzprognosen für das Sortiment auf Basis der Ist-Absätze des vergangenen Monats aktualisieren; ggfs. unter Prüfung alternativer Algorithmen oder geänderter Parameter in den Algorithmen. Entscheidend bei der Aktualisierung der Prognose ist, dass einmal durch die Planer manuell eingepflegte Anpassungen bei einer Aktualisierung nicht verloren gehen oder überschrieben werden.

▶ **Zu klärende Fragen**
Wie genau werden Prognosen automatisch generiert und aktualisiert?
Wie wird mit einmal eingepflegten manuellen Korrekturen von Prognosen umgegangen?

B9 – Berücksichtigung von Kalenderstrukturen: Bei vielen Konsumgütern haben Kalenderstrukturen einen erheblichen Einfluss auf die Absätze. So ist es für die Interpretation von Monatsabsätzen beispielsweise entscheidend, ob Ostern im März oder April eines Jahres liegt. Ebenso können andere bewegliche Feiertage wie der Tag der deutschen Einheit oder der 1. Mai auf ein Wochenende fallen oder innerhalb einer Woche liegen, was je nach Branche erhebliche Auswirkungen auf die Absätze haben kann. Ein anderes Beispiel ist das Schaltjahr, in dem sich die Anzahl der Tage im Februar um einen Tag erhöht, was tendenziell zu höheren Absätzen im Februar führt. Eine für die Konsumgüterindustrie geeignete Prognosesoftware sollte diese Effekte systematisch und automatisiert berücksichtigen, um auf diese Weise die Prognosegüte zu steigern und die Notwendigkeit manueller Korrekturen zu reduzieren.

- Wie werden Kalenderinformationen bei der Prognoseerstellung berücksichtigt (z. B. bewegliche Feiertage oder Schaltjahre)?

B10 – Unterstützung von Neuprodukteinführungen: Die fortwährende Einführung neuer Produkte in den Markt ist nicht nur in der Konsumgüterindustrie an der Tagesordnung. In Bezug auf die Absatzprognose besteht hier allerdings die Schwierigkeit, dass historische Absatzdaten zum Aufbau einer Zeitreihe und zur Ableitung einer Prognose fehlen. Daher sollte das System in der Lage sein, die Prognose neu einzuführender Artikel über „Analogie-Prognosen" auf Basis ähnlicher Artikel zu unterstützen. Da bei Produktneueinführungen auch die Vorgänger-Artikel vom Markt genommen werden können, sollte ebenso eine Vorgänger-/Nachfolger-Logik im System abbildbar sein, um auf diese Weise die historischen Absatzdaten des Vorgängers für den Nachfolger zu nutzen. Sollte ein neuer Artikel nicht im ERP-System angelegt sein, da dieser noch gar nicht existiert, so wird dieser über die Schnittstellen auch nicht an das Prognosesystem übergeben. Wenn der Artikel im Rahmen der Planungen jedoch berücksichtigt werden soll, sollte die Prognosesoftware die Anlage von sogenannten „Dummy-Artikeln" ermöglichen, über die dann die Planung bis zur Anlage des neuen Artikels im ERP-System erfolgt.

- **Zu klärende Fragen**
  Wie wird die Einführung neuer Produkte systemseitig unterstützt?
  Besteht die Möglichkeit der Verknüpfung von Artikeln für „Analogie-Prognosen"?

B11 – Vordefinierte Nachfragemuster: In fast allen Branchen verlaufen die Absätze nach typischen, wiederkehrenden Mustern. Ein Software-Anbieter mit großer Erfahrung in bestimmten Branchen kennt die entsprechenden Muster und kann diese daher bereits bei Implementierung der Software voreinstellen. Das Unternehmen muss dann nur noch das Muster auf seine konkreten Absatzverläufe kalibrieren.

- **Zu klärende Fragen**
  Gibt es vordefinierte Nachfragemuster für die Konsumgüterindustrie bzw. eine spezifische Branche?

B12 – Möglichkeit des Splits einer Prognose auf untergeordnete Hierarchieebenen: In Zeiten ausufernder Sortimente müssen schon mittelgroße Unternehmen in der Lage sein, mehrere Tausend SKU zu administrieren. Hinzu kommt, dass diese SKU von einer Vielzahl von Kunden gekauft werden. Die Erstellung einer eigenen Zeitreihenanalyse für jede Artikel-/Kunde-Kombination ist daher aus Komplexitätsgründen nicht mehr möglich oder sinnvoll. Häufig wird auf die Erstellung einer Prognose auf aggregierter Ebene (z. B. Produktgruppe oder Kundengruppe) zurückgegriffen. Die prognostizierte Menge auf dieser Ebene kann dann anhand eines automatisch berechneten Verteilschlüssels auf einzelne SKU und Kunden heruntergebrochen werden. Auf diese Art und Weise hat man auch die Chance qualitativ bessere Prognosen zu erstellen, da so beispielsweise Kannibalisierungseffekte durch Promotions o. ä. geglättet werden können. Für das automatische Verteilen der Mengen auf eine untere Ebene sollte das Prognosesystem eine Vielzahl an Möglichkeiten anbieten, z. B. eine Verteilung anhand „historischer Splits" oder anhand fest definierter Schlüssel. Dieses gilt im Übrigen auch für die zeitliche Mengenverteilung, z. B. die Verteilung von Monatsmengen auf Wochen oder Tage.

Zu klärende Fragen

Wie wird die Prognose von SKU durch die automatische Verteilung der Produktgruppenmengen des Mutterartikels unterstützt?

Wie wird die Prognose von Einzelkunden durch die automatische Verteilung aggregierter Kundenstufen oder von SKU-Mengen unterstützt?

Wie genau werden zeitlich aggregierte Mengen (z. B. Monatsmengen) auf untergeordnete Aggregationsebenen (z. B. Wochen- oder Tagesmengen) heruntergebrochen?

4.1.3 Anforderungen an Kollaboration

Ein weiterer großer Vorteil einer Prognosesoftware kann die Vereinfachung des Prozesses der Absatzplanung sein. Relevante Funktionen in diesem Bereich beinhalten beispielsweise die Unterstützung der Kollaboration bei der Absatzprognose, die Bereitstellung bestimmter Hilfsmittel oder die strukturierte Kommunikation von Planänderungen. Daher sollte auf die Kollaborationsfunktionen ein ebenso großes Augenmerk wie auf die Prognosemethoden und die Datenstrukturen gelegt werden.

C1 – Internationalität: Um in international aufgestellten Unternehmen eine effiziente Kollaboration der im Prozess der Absatzprognose involvierten Mitarbeiter sicherzustellen, sollte das Prognosesystem diese internationale Zusammenarbeit unterstützen. Dazu ist es erforderlich, dass die Benutzeroberfläche nicht nur auf Deutsch und Englisch, sondern auch in den entsprechenden Landessprachen zur Verfügung steht, insbesondere wenn zahlreiche lokale Außendienstmitarbeiter an das System angeschlossen werden sollen. Darüber hinaus sollte die Software mit landesspezifischen Maßeinheiten (z. B. Gallons) umgehen und diese automatisch in die führenden Konzerneinheiten (z. B. Liter) umrechnen können.

Zu klärende Fragen

In welchen Sprachen steht die Benutzeroberfläche zur Verfügung?

Können die notwendigen landesspezifischen Maßeinheiten verarbeitet werden?

C2 – Intensive Kollaboration bei der Erstellung der Prognose: Eine qualitativ hochwertige Prognose entsteht zumeist dadurch, dass sämtliches in der Organisation vorhandene Wissen über die zukünftige Absatzentwicklung bei der Generierung der Prognose berücksichtigt wird. Daher sollte es eine Prognosesoftware erlauben, dass viele unterschiedliche Abteilungen (z. B. Key-Account-Management, Vertriebsleitung, Marketing, SCM etc.) und somit viele unterschiedliche Mitarbeiter effizient im Rahmen der Prognoseerstellung zusammenarbeiten können. So plant beispielsweise das Marketing Absätze eher aus einer Produktperspektive, der Vertrieb hingegen eher aus einer Kundenperspektive, sodass es schnell zu Überlappungen und Konflikten kommen kann. Demzufolge muss es im Programm diverse Einstellungsmöglichkeiten hinsichtlich der Zuständigkeiten und Berechtigungen für einzelne Absatzbereiche geben.

Zu klärende Fragen

Wie genau wird die Zusammenarbeit in der Prognose-Erstellung unterstützt?
Wie können Pläne kollaborativ angepasst werden?
Wie können Rollen im Prozess definiert werden?

C3 – Planhilfsmittel: Für die Akzeptanz einer Prognosesoftware bei den Vertriebsmitarbeitern ist es wesentlich, dass Systemeingaben komfortabel und effizient getätigt werden können. So ist es bei mehreren Tausend SKU wenig hilfreich, wenn Eingaben auf unterster Ebene getätigt werden müssen und somit ein hoher Zeitaufwand für die Eingaben entsteht. Daher sollte eine Prognosesoftware z. B. unterschiedliche Verteilmechanismen für die Anpassung von Prognosedaten bei Anpassung der Mengen auf einer höheren Aggregationsebene vorsehen (z. B. 10 % Erhöhung aller Artikel einer Produktgruppe oder eine in absoluten Zahlen gleiche Erhöhung aller Artikel einer Produktgruppe). Auch sollte es möglich sein, bestimmte Artikel einer Produktgruppe zu fixieren und somit von Veränderungen auszunehmen.

Zu klärende Fragen

Gibt es Verteilmechanismen bei Anpassungen der vom System generierten Prognosen?
Wie können bei der Anwendung von Verteilmechanismen Wert-Fixierungen vorgenommen werden?

C4 – Änderungsmanagement: Im Rahmen eines S&OP-Meetings kann es durchaus vorkommen, dass die Absatzprognosen nochmals durch das Top Management angepasst werden. Bei allen Anpassungen von Prognosewerten ist die schnelle Kommunikation dieser Änderungen an die relevanten Stellen entscheidend, sodass dort auf Basis der neuen Zahlen richtig agiert werden kann. Eine Prognosesoftware sollte hierzu einen entsprechenden Workflow anbieten, mittel dessen Änderungen in strukturierter Form an die richtigen Stellen kommuniziert werden können. Um einen „Information Overflow" zu vermeiden, sollte ein „need-to-know"-Prinzip angestrebt werden, sodass jedem Mitarbeiter nur die Informationen aktiv kommuniziert werden, die er für seine Arbeit benötigt.

Zu klärende Fragen
Wie werden Planänderungen kommuniziert?
Können je nach Nutzertyp Planänderungen in verschiedenen Ausmaßen kommuniziert werden?

Quick-Check – Bewerten Sie sich selbst: Wie beurteilen Sie das Änderungsmanagement bei Planänderungen in Ihrem Unternehmen?

Stage 1 – Beginner:

- Kein strukturierter Ansatz für die Behandlung von Änderungen
- Jede Abteilung arbeitet individuell

Stage 2 – Basic:

- Dezentrale, informelle Koordination von Änderungen
- Anpassungsgeschwindigkeit gering

Stage 3 – Advanced:

- Erste Ansätze zur zentralen Steuerung von Änderungen
- Mittleres Änderungstempo

Stage 4 – World Class:

- Zentrale Einsteuerung von Planänderungen
- Zeitnahe Informationsversorgung aller Beteiligten

C5 – Berechtigungskonzept und Historie: Im Absatzplanungsprozess sind zahlreiche Mitarbeiter eingebunden, die nicht alle die gleichen Rollen und Entscheidungsbefugnisse haben. Mitarbeiter, welche die Daten der Absatzprognose als Grundlage für ihre weiteren Planungen verwenden, aber selber nicht aktiv in den Absatzplanungsprozess eingreifen, sind lediglich mit einer Leseberechtigung (Berechtigungstyp „View") auszustatten. Die Mitarbeiter, die für die Planung einzelner Bereiche wie spezifischer Produkt- oder Kundengruppen zuständig sind, sollten auch nur für die Planung dieser Bereiche eine Berechtigung bekommen (Berechtigungstyp „Plan"). Letztendlich sind die Führungskräfte, die für die finale Verabschiedung der Absatzprognose verantwortlich sind, mit den entsprechenden Freigabe-Berechtigungen auszustatten (Berechtigungstyp „Release"). Zusätzlich ist jede Änderung oder Freigabe von Plänen im System mit einem Zeitstempel zu versehen, damit im Nachhinein nachvollzogen werden kann, wer wann welche Daten geändert oder freigegeben hat.

> **Zu klärende Fragen**
> Wie sieht das Berechtigungskonzept aus? Welche Profile gibt es?
> Wer kann Daten überschreiben? Wie sehen Freigabestrukturen aus?
> Wie wird eine lückenlose und auswertbare Historie sichergestellt?

C6 – Einbindung CRM-System: Die Einbindung von CRM-Systemen kann ein kritischer Erfolgsfaktor der Systemauswahl sein, insbesondere in den Fällen, in denen Außendienstmitarbeiter in den Prozess der Absatzprognose involviert sein sollen. Es kann sinnvoll sein, dass diese Außendienstmitarbeiter die Absatzprognose für ihre Kunden in Ihrem gewohnten CRM-System überarbeiten. Somit sollte die Prognosesoftware die berechnete Absatzprognose dem CRM-System zur Verfügung stellen und die überarbeiteten Prognosen wieder importieren. Auf diese Weise wird vermieden, dass die Außendienstmitarbeiter zeitaufwendig in zwei unterschiedlichen Systemen arbeiten müssen.

> **Zu klärende Fragen**
> Wie können CRM-Systeme in die Prognose-Erstellung eingebunden werden?

4.1.4 Anforderungen an Technik & Implementierung

Letztendlich gilt es zu prüfen, welchen Hard- und Softwareanforderungen ein Prognosesystem hat und wie weitere, existierende Systeme (insbesondere ERP-Systeme) an das Programm angeschlossen werden können. Da diese zusätzlich erforderlichen Hard- und Softwarekomponenten sowie die Programmierung der Schnittstellen einen erheblichen Teil des gesamten Implementierungsbudgets ausmachen können, sind dazu detaillierte und belastbare Angaben der Systemanbieter einzuholen.

D1 – Hardware: Im Regelfall ist für den Betrieb der Prognosesysteme ein eigener Server erforderlich, der für die Durchführung der Berechnungen mit einem ausreichenden Arbeitsspeicher und einer ausreichenden Festplattenkapazität ausgestattet sein muss. Der Server wird in den meisten Fällen in das Rechenzentrum des Kunden integriert und daher auch von der IT des Konsumgüterherstellers beschafft und aufgestellt. Damit es hier nicht zu Missverständnissen und Fehlkäufen kommt, sollte der Softwareanbieter die zu beschaffende Hardware genau spezifizieren. Die Kosten für die Hardware sind dann in die gesamte Projektkalkulation einzubeziehen. Alternativ kommen auch sogenannte Cloud-Modelle zum Einsatz, bei denen z. B. der Systemanbieter oder ein IT-Service-Provider das Hosting der Systeme übernimmt.

> **Zu klärende Fragen**
> Welche konkreten Hardware-Anforderungen stellt die Software, insbesondere an den Server?
> Welche Komponenten sollen beschafft werden?
> Können Cloud-Lösungen angeboten werden und wie sehen diese aus?

Was genau sind die qualitativen und quantitativen Vorteile der Cloud-Lösung gegenüber einem Hosting im Unternehmen?

D2 – Zusätzliche Software: Neben der zu beschaffenden Hardware ist auch die zusätzlich zu beschaffende Software der Systemanbieter zu spezifizieren. Hierzu zählt beispielsweise das Betriebssystem für den Server sowie die dem System zugrunde liegende Datenbankstruktur (z. B. MS-SQL Server). Auch hier entstehen nicht unerhebliche Zusatzkosten, die bei der Gesamtbewertung der Softwareeinführung Berücksichtigung finden müssen.

Zu klärende Fragen

Welche zusätzlichen Programme sind für den Betrieb des Prognosesystems erforderlich (z. B. Betriebssystem, Datenbanken, etc.)?

D3 – Anbindung weiterer Softwaresysteme: Um mit dem Prognosesystem effizient arbeiten zu können, ist eine Anbindung weiterer Systeme sowohl für den Datenimport, als auch für den Datenexport erforderlich. Die Berechnung der Prognose auf Basis von Zeitreihen basiert auf historischen Absatzdaten, die in dem oder den ERP-Systemen des Unternehmens vorgehalten werden. Die Anbindung der gängigsten Systeme (z. B. SAP oder MS-Navision) sollte daher standardmäßig vom Anbieter der Prognosesoftware vorgesehen sein. Zusätzlich sollte das Prognosesystem grundsätzlich weitere Ausgangssysteme über Schnittstellen anbinden können. Der Export der Prognosedaten sollte wiederum in verschiedene Zielsysteme möglich sein. Neben den bereits erwähnten ERP-Systemen sollte die Prognosesoftware diese Daten auch beispielsweise an marktübliche BI-Tools oder an MS-Excel übergeben können.

Zu klärende Fragen

Welche Systeme können standardmäßig für Datenim- und -exporte angebunden werden (insb. SAP/weitere ERP-Systeme und Excel)?

Wie können weitere Systeme angeschlossen werden?

Wie genau erfolgt diese Anbindung?

D4 – Anbindung mobiler Endgeräte: Vernetztes Arbeiten ist heutzutage Grundvoraussetzung effizienter Prozesse. Daher ist es nicht nur erforderlich, Mitarbeiter an möglicherweise weltweit verteilten Standorten an das Prognosesystem anzubinden. Insbesondere bei der Anbindung von Außendienstmitarbeitern an das System ist sicherzustellen, dass Prognosedaten auch über mobile Endgeräte abgerufen und bearbeitet werden können. Auf diese Weise können Prognosedaten beispielsweise vor Ort gemeinsam mit dem Kunden ermittelt, abgestimmt und eingepflegt werden.

Zu klärende Fragen

Wo und wie/mit welchen Endgeräten können Eingaben in das System getätigt werden?

D5 – Regelmäßige Updates: Im Rahmen eines abzuschließenden Wartungsvertrages führt der Systemanbieter Verbesserungen an der Software durch und behebt Fehler. Diese Optimierungen werden über Updates beim Konsumgüterhersteller aufgespielt. An dieser Stelle ist es wichtig zu wissen, in welchen Abständen mit Updates zu rechnen ist und wie genau diese eingespielt werden. Insbesondere sollte Auskunft hinsichtlich des für Updates erforderlichen Zeitfensters gegeben werden, da in dieser Zeit das System den Nutzern nicht zur Verfügung steht. Auch die Art und Weise des Einspielens des Updates sollte erfragt werden.

> **Zu klärende Fragen**
> Erfolgt das Einspielen von Updates über eine Fernwartung oder ist es erforderlich, dass Mitarbeiter der eigenen IT tätig werden?
> In welcher Frequenz werden Updates der Software zur Verfügung gestellt?
> Wie werden diese eingespielt?

D6 – Implementierungspartner: Viele Softwareanbieter arbeiten bei der Implementierung des Programms mit regionalen Systemhäusern zusammen. Hier ist sicherzustellen, dass dieses Systemhaus die gleichen Kompetenzen aufweist wie der Softwarehersteller und diese Kompetenzen über Referenzen belegen kann. Natürlich ist eine persönliche Vorstellung des Partnerunternehmens und des entsprechenden Projektteams unabdingbar.

> **Zu klärende Fragen**
> Wer ist der Implementierungspartner und über welche Kompetenzen verfügt dieser?
> Wie verläuft die Implementierung?

4.2 Ausgewählte Verfahren der Nachfrageprognose

4.2.1 Einordnung der Verfahren

Ziel der Nachfrageprognose ist es, die zukünftige Nachfrage im Vorhinein möglichst genau, d. h. mit einer hohen Prognosegüte, zu bestimmen. In der Praxis verlassen sich viele Unternehmen dabei auf die Erfahrung und das Bauchgefühl ihrer Vertriebsmitarbeiter. Dieses wird bei steigender Marktkomplexität jedoch zunehmend unverlässlich. Es existiert eine Vielzahl an statistischen Methoden der Zeitreihenanalyse, mithilfe derer auf Basis von historischen Daten Prognosen über die zukünftige Entwicklung einer Zeitreihe ermittelt werden können. Idealerweise werden Prognosen mit unterschiedlichen Verfahren und dazugehörigen Rechenparametern ermittelt. Im Anschluss wird dann über einen längeren Zeitraum getestet, welches Verfahren das beste Ergebnis liefert.

Im Folgenden werden einige dieser Verfahren vorgestellt (vgl. z. B. Makridakis et al. 2008; Treyer 2010). Dabei wird auf eine detaillierte mathematische Beschreibung oder

Herleitung verzichtet. Es soll lediglich für alle Leser, auch solche ohne mathematischen Hintergrund, die Idee und situative Anwendbarkeit der Verfahren vermittelt werden.

Grundsätzlich wird bei den quantitativen Methoden zwischen univariaten und multivariaten Verfahren unterschieden. **Univariate Verfahren** basieren lediglich auf der betrachteten Zeitreihe. Im Fall der Absatzprognose wird also eine Absatzschätzung auf Basis des historischen Absatzes ermittelt, ohne weitere Faktoren einzubeziehen. **Multivariate Verfahren** hingegen basieren auf mehreren Zeitreihen und sind im Allgemeinen komplexer. Aus der Gruppe der univariaten Verfahren werden nachfolgend der gleitende Durchschnitt, die exponentielle Glättung und ARMA-Modelle vorgestellt. Die Idee von multivariaten Verfahren wird aufgrund der Komplexität lediglich am Beispiel der Regressionsanalyse skizziert. Zunächst jedoch werden im Abschn. 4.2.2 einige Grundlagen der Zeitreihenanalyse erläutert.

4.2.2 Zeitreihendekomposition und Stationarität

Zur Beschreibung des Verhaltens bzw. des Absatzverlaufs von Zeitreihen können fünf grundlegende Typen betrachtet werden (siehe Abb. 4.2):

Konstanter Bedarf/Niveau: Die „Basishöhe", auf der sich die Zeitreihe bewegt. Im Fall der Nachfrageprognose könnte es sich zum Beispiel um eine konstante Grundnachfrage handeln.

Trend: Andauernde, kontinuierliche Entwicklung der Zeitreihe über einen langen Zeitraum. Im einfachsten Fall kann die Trendkomponente durch eine Gerade dargestellt werden (linearer Trend). Ein Trend kann aber beispielsweise auch exponentiell verlaufen (quadratischer Trend, kubischer Trend, …) oder mit einem Zufallsfaktor versehen sein (stochastischer Trend). Bei der Nachfrage könnte ein ansteigender Trend etwa durch den kontinuierlichen Zugewinn von Neukunden und ein absteigender Trend durch rückläufige Marktentwicklungen zu erklären sein.

Saison: Wiederkehrende Schwankung innerhalb eines gleichbleibenden Zeitintervalls (häufig ein Jahr). Ein einfaches Beispiel ist der Anstieg des Konsums von Eiscreme im Sommer.

Zyklus: Ebenfalls periodische Schwankung, jedoch über einen deutlich längeren Zeitraum als bei der saisonalen Schwankung, z. B. der Absatz von Bier bei einer Fußballweltmeisterschaft. In einer kurzen Zeitreihe kann ein zyklischer Verlauf fälschlicherweise für einen Trend gehalten werden.

Zufallsvariation/Residuum: Zufällige Schwankung, die nicht durch eine der anderen Komponenten einer Zeitreihenanalyse erfasst werden kann.

Je nach Zeitreihe können sich die Komponenten auf verschiedene Art und Weise zusammensetzen. Zum Beispiel kann die Saisonkomponente additiv oder multiplikativ zum Trend sein. Im ersten Fall ist die saisonale Abweichung von der Trendkurve absolut gesehen stets ähnlich. Im zweiten Fall ist die absolute saisonale Abweichung proportional

Abb. 4.2 Verhalten Zeitreihen

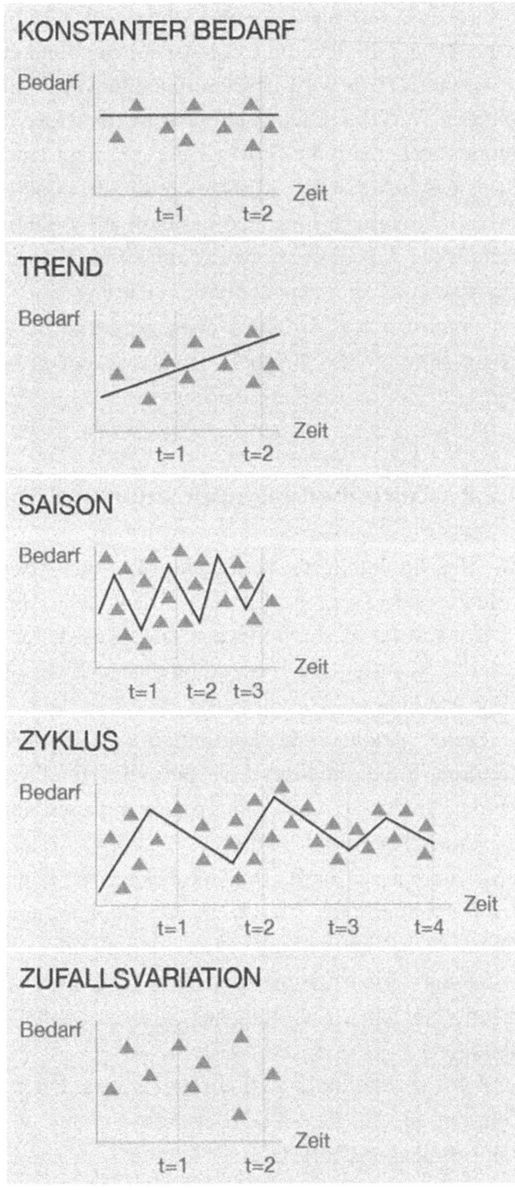

zum Trend. Bei einem linear steigenden Trend würde die saisonale Schwankung mit der Zeit also immer stärker ausfallen. Der Unterschied ist in Abb. 4.3 verdeutlicht.

Ein weiterer Begriff, der häufig im Zusammenhang mit Zeitreihenanalyse auftaucht, ist die **Stationarität.** Einige Verfahren, wie zum Beispiel das später vorgestellte ARMA-Modell, können ausschließlich zur Modellierung stationärer Zeitreihen genutzt

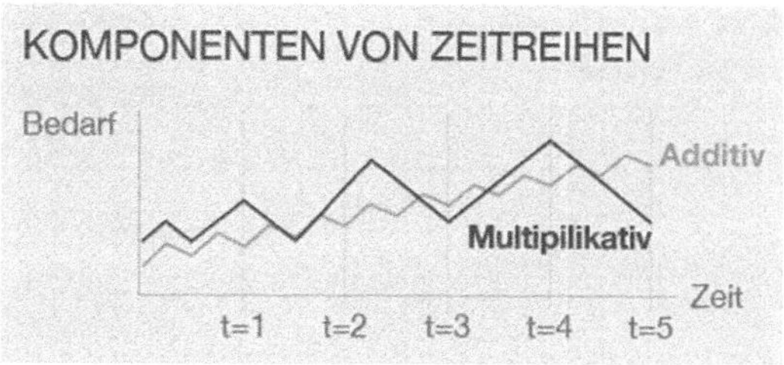

Abb. 4.3 Komponenten von Zeitreihen

werden. Vereinfacht ausgedrückt bedeutet Stationarität, dass die Zeitreihe zu allen Zeitpunkten denselben Erwartungswert und dieselbe Varianz besitzt. Die Werte der Zeitreihe schwanken also zufällig in gleichbleibender Größenordnung um einen konstanten Wert. Demzufolge sind Zeitreihen, die eine Trend-, Saison- oder Zykluskomponente aufweisen, niemals stationär. Um eine Zeitreihe möglichst genau zu modellieren, werden deshalb häufig zunächst Verfahren zur Bestimmung von Trend-, Saison- und Zykluskomponente angewendet. Die bereinigte Zeitreihe, die nur noch aus konstantem Bedarf/Niveau und Zufallsvariation/Residuum besteht, ist stationär und kann anschließend zum Beispiel mit dem ARMA-Verfahren approximiert werden.

4.2.3 Naive Prognose und gleitender Durchschnitt

Zunächst werden nun einige vergleichsweise einfache Verfahren vorgestellt, die sich lediglich zur Prognose von Zeitreihen ohne Trend-, Saison- oder Zykluskomponente eignen. Die Anwendung auf eine Zeitreihe mit beispielsweise steigendem linearen Trend würde zu einer ständigen Unterschätzung führen; dies könnte im schlechtesten Fall dazu führen, dass Aufträge abgelehnt werden müssen.

Die denkbar einfachste Prognose ist der sogenannte **naive Forecast** (englisch: **„Random Walk“**). Dabei wird für die Zukunft der letzte bekannte Wert der Zeitreihe angenommen. Der Forecast für den Zeitpunkt, der x Schritte in der Zukunft liegt, berechnet sich demnach als:

$$\text{Forecast}_{t+x} = \text{Absatz}_t$$

In Abb. 4.4 ist dies für $x = 1$ veranschaulicht. Der Absatz eines Monats dient stets als Prognosewert für den Folgemonat. In der Praxis wird der naive Forecast weniger zur Erstellung von Prognosen, sondern vielmehr als Vergleichswert für andere Prognoseverfahren genutzt, den es in der Genauigkeit zu übertreffen gilt. Bei saisonalen Artikeln kann anstelle des letzten beobachteten Wertes auch der entsprechende Wert der letzten Saison verwendet werden. Dieses Verfahren wird auch als **„Seasonal Random Walk“** bezeichnet.

Monat	IST-Absatz pro Monat	Prognose
Monat 1	15	–
Monat 2	20	15
Monat 3	31	20
Monat 4	19	31
Monat 5	–	19

Abb. 4.4 Rechenbeispiel naiver Forecast

Eine weitere simple Methode zur Berechnung einer Prognose ist der **gleitende Durchschnitt.** Der Forecast berechnet sich dabei als Durchschnittswert der letzten n bekannten Werte der Zeitreihe:

$$\text{Forecast}_{t+x} = \frac{\sum_{i=0}^{n-1} \text{Absatz}_{t-i}}{n}$$

Je größer n ist, d. h. je mehr vergangene Zeitintervalle in die Prognose mit einfließen, desto höher ist der Glättungseffekt innerhalb der Prognose und desto geringer ist der Einfluss von zufälligen Schwankungen der Zeitreihe auf die Prognose. Abb. 4.5 zeigt die Berechnung eines gleitenden Durchschnitts für $x=1$ mit $n=3$ bzw. $n=5$, also bei Berücksichtigung von einer, drei und fünf Vorperioden bei der Berechnung des Prognosewertes.

Monat	IST-Absatz pro Monat	3-Monatiger Gleitender Durchschnitt	5-Monatiger Gleitender Durchschnitt
Monat 1	16,00	–	–
Monat 2	18,00	–	–
Monat 3	20,00	–	–
Monat 4	24,00	18,00	–
Monat 5	27,00	20,67	–
Monat 6	23,00	23,67	21,00
Monat 7	25,00	24,67	22,40
Monat 8	29,00	25,00	23,80
Monat 9	24,00	25,67	25,60
Monat 10	–	26,00	25,60

Abb. 4.5 Rechenbeispiel gleitender Durchschnitt

Monat	IST-Absatz pro Monat	Gewichtung	Gewichteter Absatz
Monat 1	20	30%	6
Monat 2	25	20%	5
Monat 3	30	50%	15

Monat	Weighted Moving Average
Monat 4	26

Abb. 4.6 Rechenbeispiel gewichteter gleitender Durchschnitt

Eine Adaption des Verfahrens des gleitenden Durschnitts ist der **gewichtete gleitende Durchschnitt.** Hierbei werden die n vergangenen Werte, aus denen der Durchschnitt berechnet wird, mit Gewichten ausgedrückt in α_i versehen:

$$\text{Forecast}_{t+x} = \sum_{i=0}^{n-1} \alpha_i * \text{Absatz}_{t-i}$$

Dies ist für $x = 1$ und $n = 3$ in Abb. 4.6 dargestellt. Üblicherweise wird dem jüngsten Vergangenheitswert das höchste Gewicht zugeordnet. Je weiter die Werte in der Vergangenheit liegen, desto kleiner wird die Gewichtung.

4.2.4 Exponentielle Glättung

Bei der **exponentiellen Glättung** unterscheidet man im Allgemeinen zwischen Glättung erster, zweiter oder dritter Ordnung. Wie die zuvor beschriebenen Verfahren eignet sich auch die exponentielle Glättung erster Ordnung lediglich zur Ermittlung von Prognosen für Zeitreihen, die nur aus konstantem Bedarf/Niveau und Zufallsvariation/Residuum bestehen. Durch eine leichte Erweiterung können mit der exponentiellen Glättung zweiter Ordnung auch Prognosen für Zeitreihen mit linearem Trend ermittelt werden. Mit der exponentiellen Glättung dritter Ordnung ist schließlich die Prognose für Zeitreihen mit linearem Trend und Saisonkomponente möglich.

Bei der **exponentiellen Glättung erster Ordnung** wird als Forecast für den Zeitpunkt, der x Zeitintervalle in der Zukunft liegt, eine Glättung aus den bekannten Werten der Zeitreihe berechnet:

$$\text{Forecast}_{t+x} = \text{Glättung}_t = \alpha * \text{Absatz}_t + (1 - \alpha) * \text{Glättung}_{t-1} \text{mit } 0 < \alpha < 1$$

Alle exponentiellen Glättungsverfahren sind rekursive Verfahren. Rekursiv bedeutet, dass die Glättung zu einem bestimmten Zeitpunkt neben dem Absatz von der Glättung des vorangegangenen Zeitintervalls abhängig ist. Diese ist wiederum abhängig von der vorangegangenen Glättung. Somit ist jeder Wert, zumindest formal, abhängig von allen vorangegangenen Werten. Aufgrund der rekursiven Formel für die Glättung ist es notwendig, zu Beginn einen Startwert Glättung_0 festzulegen. Ein praktikabler Ansatz dafür ist der tatsächliche Absatz des Startintervalls:

$$\text{Glättung}_0 = \text{Absatz}_0$$

Die exponentielle Glättung erster Ordnung ist in Abb. 4.7 mit zwei unterschiedlichen Glättungsfaktoren und dem Startintervall $\text{Glättung}_0 = \text{Absatz}_0$ dargestellt.

Durch den Gewichtungsfaktor α nimmt der Einfluss der vorangegangenen Glättungswerte ab, je weiter diese in der Vergangenheit liegen. Dies wird bereits deutlich, wenn man in die oben stehende Formel die Glättung für $t-1$ erneut durch die Formel ersetzt:

$$\begin{aligned} \text{Glättung}_t &= \alpha * \text{Absatz}_t + (1-\alpha) * \left[\alpha * \text{Absatz}_{t-1} + (1-\alpha) * \text{Glättung}_{t-2}\right] \\ &= \alpha * \text{Absatz}_t + (1-\alpha) * \alpha * \text{Absatz}_{t-1} + (1-\alpha)^2 * \text{Glättung}_{t-2} \end{aligned}$$

Der Faktor $(1-\alpha)$ vor der Glättung für $t-2$ ist quadriert und der Einfluss dieses Wertes daher deutlich kleiner. Mit jedem weiteren Einsetzen der Formel für den

Monat	IST-Absatz pro Monat	Exponentielle Glättung α = 0,3	Exponentielle Glättung α = 0,5
Monat 1	16,00	–	–
Monat 2	18,00	16,00	16,00
Monat 3	20,00	16,60	17,00
Monat 4	24,00	17,62	18,50
Monat 5	27,00	19,53	21,25
Monat 6	23,00	21,77	24,13
Monat 7	25,00	22,14	23,56
Monat 8	29,00	23,00	24,28
Monat 9	24,00	24,80	26,64
Monat 10	–	24,56	25,32

Abb. 4.7 Rechenbeispiel exponentielle Glättung erster Ordnung

Einfluss α bei exponentieller Glättung	„Großes" α	„Kleines" α
Betrachtung Vergangenheitswerte	gering	hoch
Betrachtung letzter Absatzwert	hoch	gering
Ausmaß Glättung	gering	hoch
Adaption an Nachfrageveränderung	schnell	langsam

Abb. 4.8 Einfluss Alpha

vorangegangenen Glättungswert wird die Potenz von $(1 - \alpha)$ höher und der Einfluss entsprechend geringer. Der Einfluss der vergangenen Glättungswerte verringert sich also exponentiell, je weiter diese in der Vergangenheit liegen. So erklärt sich der Name des Verfahrens. Weiterhin gilt: Je höher α ist, desto stärker fällt der Absatz des letzten Zeitintervalls ins Gewicht und desto sensitiver ist die Prognose für Absatzschwankungen. Die Effekte eines größeren im Vergleich zu einem kleineren α sind in Abb. 4.8 beschrieben.

Bei der **exponentiellen Glättung zweiter Ordnung** wird das Verfahren um einen Faktor erweitert, der eine Prognose für Zeitreihen mit linearem Trend ermöglicht. Eines der bekanntesten Verfahren dieser Art ist die Methode von Holt, mit welcher der Forecast für x Schritte in die Zukunft wie folgt berechnet wird:

$$\text{Forecast}_{t+x} = \text{Glättung}_t + x * \text{Trendfaktor}_t \text{ wobei}$$

$$\text{Glättung}_t = \alpha * \text{Absatz}_t + (1-\alpha) * \left(\text{Glättung}_{t-1} + \text{Trendfaktor}_{t-1}\right) \text{ mit } 0 < \alpha < 1 \text{ und}$$

$$\text{Trendfaktor}_t = \beta * \left(\text{Glättung}_t - \text{Glättung}_{t-1}\right) + (1-\beta) * \text{Trendfaktor}_{t-1} \text{mit } 0 < \beta < 1$$

Da auch der Trendfaktor rekursiv definiert ist, muss auch für diesen ein geeigneter Startwert gefunden werden. Eine Möglichkeit dafür ist:

$$\text{Trendfaktor}_0 = [\,(\text{Absatz}_1 - \text{Absatz}_0) + (\text{Absatz}_3 - \text{Absatz}_2)\,]/2$$

Unter den Verfahren der **exponentiellen Glättung dritter Ordnung** ist die Methode von Holt und Winters wohl die bekannteste. Das Modell zweiter Ordnung wird hierbei um einen weiteren rekursiv definierten Faktor erweitert, um eine Prognose für Zeitreihen mit Saisonalität zu ermöglichen. Mit der Ergänzung weiterer Faktoren, beispielsweise zur Unterscheidung von additiven und multiplikativen Saisonkomponenten, wird auch die Notation zunehmend unübersichtlich. Daher wird an dieser Stelle auf die Formel verzichtet. Aufgrund der hohen Bekanntheit der Verfahren von Holt und Winters sind weiterführende Erläuterungen in der Fachliteratur leicht zu finden.

4.2.5 ARMA- und ARIMA-Modelle

Wie bereits zu Beginn von Abschn. 4.2.2 erwähnt, können **ARMA-Modelle** eingesetzt werden, um stationäre Zeitreihen zu modellieren. Im Komponentenmodell ergibt sich daraus die Idee, zunächst mit geeigneten Verfahren die Trend-, Saison- und Zykluskomponente zu entfernen. Der konstante Bedarf bzw. das Niveau kann als Mittelwert der verbleibenden Zeitreihe bestimmt und ebenfalls entfernt werden, sodass nur die Zufallsvariation bzw. das Residuum als zufällige Schwankung um den Wert Null übrig bleibt. Da diese Zeitreihe stationär ist, wird anschließend ein ARMA-Modell gesucht, mithilfe dessen die Schwankung des Residuums möglichst exakt nachgebildet werden kann, um den Schätzfehler bei der Prognose zu minimieren. Einige geeignete Verfahren zur Ermittlung der Trend- und Saisonkomponente wurden in den letzten Abschnitten dieses Kapitels skizziert.

In einem **autoregressiven Modell der Ordnung p,** kurz AR(p)-Modell, wird jeder Wert einer Zeitreihe X_t als lineare Kombination der p vorangegangenen Werte X_{t-i} dargestellt:

$$X_t = \sum_{i=1}^{p} \alpha_i * X_{t-i}$$

In einem sogenannten **Moving-Average-Modell der Ordnung q,** kurz MA(q)-Modell, wird jeder Wert einer Zeitreihe X_t als lineare Kombination der q vorangegangenen Schätzfehler ε_{t-j} dargestellt:

$$X_t = \sum_{j=1}^{q} \beta_j * \varepsilon_{t-j}$$

In einem **ARMA-Modell der Ordnung (p,q)** werden beide Varianten kombiniert:

$$X_t = \sum_{i=1}^{p} \alpha_i * X_{t-i} - \sum_{j=1}^{q} \beta_j * \varepsilon_{t-j}$$

In der Praxis besteht nun die Herausforderung darin, diejenige Ordnung (p,q) mit Koeffizienten α_i und β_j zu ermitteln, welche die stationäre Zeitreihe möglichst exakt nachbilden. Ein bekanntes Verfahren mit eben diesem Ziel ist das **Verfahren von Box und Jenkins.** Dieses umfasst im Wesentlichen vier Schritte:

1. **Identifikation:** Bestimmung einer geeigneten Ordnung (p,q).
2. **Parameterschätzung:** Ermittlung geeigneter Koeffizienten α_i und β_j.
3. **Diagnose:** Überprüfung, ob das gewählte Modell die stationäre Zeitreihe hinreichend gut approximiert. Ist dies nicht der Fall, so wird erneut bei Schritt 1 begonnen.
4. **Prognose:** Berechnung von Prognosen für das Residuum der betrachteten Zeitreihe.

Innerhalb der ersten drei Schritte kommen wiederum statistische Methoden zum Einsatz, deren Erläuterung den Rahmen der Kurzvorstellung dieses Kapitels sprengen würde. In der Praxis gibt es zahlreiche Softwarelösungen zur Erstellung von Prognosen auf Basis von ARMA-Modellen. Anstelle von ARMA findet man z. B. häufig auch die Bezeichnung **ARIMA** vor. Dabei handelt es sich um eine Erweiterung des Modells, sodass dieses auch auf nicht-stationäre Zeitreihen angewendet werden kann. Das „I" steht für „integriert" und deutet an, dass die Zeitreihe nicht-stationär ist, jedoch durch die wiederholte Anwendung eines sogenannten Differenzenfilters in eine stationäre Zeitreihe umgewandelt werden kann.

4.2.6 Regressionsanalyse

Die **Regressionsanalyse** gehört zur Familie der multivariaten Verfahren. Diese zeichnen sich dadurch aus, dass zur Ermittlung einer Prognose nicht nur bekannte Werte der Zeitreihe selbst genutzt werden. Zusätzlich werden auch bekannte Werte anderer Zeitreihen berücksichtigt. Die zu prognostizierende Zeitreihe wird in der Literatur häufig **„abhängige Variable"** genannt da man ihr eine Abhängigkeit von den anderen Zeitreihen unterstellt. Diese werden dementsprechend **„unabhängige Variablen"** genannt.

Ziel einer Regressionsanalyse ist es, die abhängige Variable Y als Funktion der m unabhängigen Variablen X1, …, Xm möglichst exakt zu modellieren:

$$Y \approx f(X1, \ldots, Xm)$$

Möglichst exakte Modellierung bedeutet, dass die Differenz zwischen der abhängigen Variable Y und der Regressionsfunktion f, also der Schätzfehler, möglichst gering ist. Um dies zu erreichen, wird die **Methode der kleinsten Fehlerquadrate** angewendet. Dabei wird die Funktion f so gewählt, dass die Summe der quadrierten Fehler aller Zeitpunkte minimiert wird:

$$\min \sum_{i=1}^{n} \left[y_i - f_i(X1, \ldots, Xm) \right]^2$$

m ist hierbei die Anzahl der unabhängigen Variablen. n hingegen ist die Anzahl der bekannten bzw. betrachteten Punkte der Zeitreihen. Für jeden dieser n Punkte soll die Funktion f also möglichst nah am bekannten Wert der Zeitreihe liegen, für die eine Prognose erstellt werden soll.

Um mithilfe des Regressionsmodells eine Absatzprognose für einen zukünftigen Zeitpunkt zu berechnen, sollten die Werte der unabhängigen Variablen für diesen zukünftigen Zeitpunkt bereits bekannt sein. Es sollte sich also um Aspekte handeln, die direkt beeinflussbar sind. Daher kann das Regressionsmodell insbesondere genutzt werden, um verschiedene denkbare Alternativen zu simulieren und diejenige mit dem voraussichtlich besten Ergebnis auszuwählen. Dies soll anhand des folgenden Beispiels in stark vereinfachter Form veranschaulicht werden:

Einem Unternehmen sei aus Erfahrung bekannt, dass der Absatz seines Produktes maßgeblich von drei Faktoren abhängt, nämlich Preis, Anzahl Shops und Anzahl verteilter Werbeflyer. In der Vergangenheit hat es bereits unterschiedliche Preise und Anzahlen an Werbeflyern ausprobiert und für verschiedene Zeitpunkte jeweils einen Datensatz von Preis, Anzahl Shops, Anzahl Flyer und resultierendem Absatz gespeichert. Die Regressionsfunktion könnte zum Beispiel die folgende Form haben:

$$\text{Absatz} \approx a * \text{Preis} + b * \text{Anzahl\_Shops} + c * \text{Anzahl\_Werbeflyer} + d$$

Ziel ist es nun, die Koeffizienten a, b und c sowie die Konstante d so zu wählen, dass die Regressionsformel für jeden historischen Datenpunkt aus Preis, Anzahl Shops und Anzahl Flyer möglichst nah an den entsprechenden historischen Absatzwert herankommt und somit die Summe der Fehlerquadrate minimal wird. Wenn die Parameter a b, c und d berechnet wurden, kann die Regressionsgleichung genutzt werden, um für z. B. das nächste Quartal eine Kombination aus den drei Faktoren zu wählen, die einen möglichst genauen Absatz erwarten lässt.

Wie man die Parameter für die Regressionsgleichung mithilfe der Methode der kleinsten Fehlerquadrate bestimmt, wird hier nicht im Detail erklärt. Im obigen Beispiel spricht man von einem **linearen Regressionsmodell,** weil der Absatz als lineare Kombination der anderen Faktoren dargestellt wird. Die Faktoren werden also addiert und jeweils mit einem Koeffizienten (a, b, c) versehen. Dies bedeutet jedoch nicht, dass die Faktoren selbst durch lineare Funktionen beschrieben werden können. In einem linearen Regressionsmodell muss zur Minimierung der Fehlerquadrate ein lineares Gleichungssystem gelöst werden, was im Allgemeinen mit akzeptablem Rechenaufwand zu bewerkstelligen ist.

Ein **nicht-lineares Regressionsmodell** könnte zum Beispiel folgendermaßen aussehen:

$$\text{Absatz} \approx a * \text{Preis} / (b + \text{Anzahl\_Shops}) + c * \text{Anzahl\_Werbeflyer}$$

Ohne die Einschränkung einer linearen Regressionsfunktion gibt es unzählige Möglichkeiten, die unabhängigen Variablen zu kombinieren. Deshalb ist der Aufwand zur Ermittlung einer passenden Regressionsfunktion vergleichsweise hoch. Auch für die Regressionsanalyse gibt es in der Praxis zahlreiche Softwarelösungen.

Quick-Check – Bewerten Sie sich selbst: Wie beurteilen Sie die in Ihrem Unternehmen eingesetzten Algorithmen zur Absatzprognose?

Stage 1 – Beginner:

- Baugefühl oder einfachste Algorithmen (z. B. Absatz = Vorjahr + x)
- Isolierte Prognosen, kaum Datenintegration

Stage 2 – Basic:

- Einfache Algorithmen im Einsatz (z. B. gleitende Durchschnitte etc.)
- Geringe Datenintegration („Insellösungen")

Stage 3 – Advanced:

- Fortschrittliche Algorithmen im Einsatz (z. B. exponentielle Glättung dritter Ordnung)
- Optimierung der Parameter der Algorithmen
- Artikelspezifische Auswahl der Algorithmen
- Zentralisierung der Daten, keine „Insellösungen“

Stage 4 – World Class:

- Leistungsstarke Algorithmen im Einsatz
- Spezielle Prognose-Software eingeführt oder entwickelt
- Methoden und Parameter werden regelmäßig überprüft

4.3 Messung der Prognosegüte

Jede Absatzprognose kann im Nachhinein hinsichtlich ihrer Genauigkeit bewertet werden. Das Ziel aller Prognosen ist es, eine möglichst hohe Qualität zu erreichen, was im Allgemeinen mit einer hohen Prognosegenauigkeit gleichgesetzt wird. Die Motivation zur Messung der Prognosegenauigkeit liegt zunächst in der Möglichkeit zur Evaluierung der Prognoseverfahren und deren Leistungsständen. Darauf aufbauend können spezifische Maßnahmen zur kontinuierlichen Verbesserung der Prognosegüte abgeleitet werden. Die daraus resultierende, verbesserte Prognose führt dann zu ruhigeren Prozessabläufen, weniger „Troubleshooting“ und insgesamt zu einer verbesserten Lieferperformance bei geringeren Kosten. Darüber hinaus dient die Gütemessung der Gewinnung eines validierten Kennwertes zur Bestimmung von Sicherheitsbeständen, da voraussichtliche Abweichungen zur ursprünglich prognostizierten Menge bei der Berechnung der Bestandsziele berücksichtigt werden können. Bei einer Verbesserung der Prognosegenauigkeit können diese Sicherheitsbestände gesenkt und somit die Kapitalbindung und Bestandskosten reduziert werden.

Die Prognosegenauigkeit wird durch verschiedene Kennzahlen zur Messung der Prognosegüte quantifiziert. Darüber hinaus ist es wichtig, auch bei der Berechnung des Gütemaßes auf die Cross-Funktionalität der Absatzplanung zu achten. Idealerweise sind alle involvierten Unternehmensbereiche an der Definition des Gütemaßes beteiligt, um etwaigen zukünftigen Konflikten hinsichtlich der Prognosemessung vorzubeugen.

Das allgemeine Vorgehen zur Berechnung der Prognosegüte ist die Analyse der Streuung einer Prognose als Maß für die Zuverlässigkeit, mit der sich die vorhergesagten Bedarfe in der Zukunft bewahrheiten. Grundsätzlich wird deshalb bei allen Kennwerten zur Prognosegüte die Differenz zwischen der tatsächlichen Absatzmenge und der Prognosemenge berechnet.

Die Höhe des Prognosefehlers hängt im Wesentlichen von zwei Faktoren ab: Zum einen ist der Zeitunterschied zwischen Prognoseerstellung und tatsächlichem Bedarf zu berücksichtigen. Dabei gilt, dass die Prognosequalität tendenziell abnimmt, je länger deren Berechnung zurückliegt. Eine Absatzprognose für den Monat Dezember, die im Oktober berechnet wurde, ist also häufig genauer als eine Prognose, die im September für den Monat Dezember erstellt wurde. Zweitens wird der Prognosefehler durch die Prognosegranularität beeinflusst. Eine Prognose ist tendenziell genauer, je höher die Hierarchieebene bzw. das Aggregationslevel ist, auf der bzw. dem sie erstellt wird. Für die Absatzprognose bedeutet dies, dass eine Prognose des jährlichen Gesamtabsatzes aller geführten Produkte über alle Regionen hinweg exakter als die Prognose des Absatzes für eine bestimmte Produktgruppe in einer bestimmten Vertriebsregion ist. Der Grund dafür ist, dass sich Abweichungen in die eine oder andere Richtung auf einem hohen Aggregationslevel eher gegenseitig aufheben als auf einem niedrigen Aggregationslevel. Beispielsweise könnte in einigen Vertriebsregionen der Absatz überschätzt und in anderen Regionen dafür unterschätzt werden, sodass die Prognose für das gesamte Vertriebsgebiet fast exakt ist.

Im Folgenden werden die gebräuchlichsten Kennzahlen erläutert:

- Mean Absolute Deviation (mittlere betragsmäßige Abweichung)
- Mean Absolute Percentage Error (mittlere betragsmäßige prozentuale Abweichung)
- Weighted Mean Absolute Percentage Error (gewichtete mittlere betragsmäßige prozentuale Abweichung)
- Bias (systematischer Fehler)
- Tracking Signal (Abweichungssignal)
- Root Mean Squared Error (Wurzel des mittleren quadratischen Fehlers)

Die Kennzahl **Mean Absolute Deviation (MAD)** zeigt die „mittlere betragsmäßige Abweichung". Eine Schwachstelle dieser Kennzahl ist die Vergleichbarkeit von Produkten mit sehr unterschiedlichem Absatz. Es macht z. B. einen elementaren Unterschied, ob eine Abweichung in Höhe von fünf Stück bei einer Stückmenge von 100 oder aber 1000 auftritt.

$$MAD = \frac{\sum |\text{Prognose}_t - \text{Ist Absatz}_t|}{\text{Anzahl Perioden}}$$

Deshalb findet in der Praxis weitaus häufiger die „mittlere betragsmäßige prozentuale Abweichung" (**Mean Absolute Percentage Error, MAPE**) Anwendung. **MAPE** stellt eine Normierung des MAD dar und gibt als solche den mittleren prozentualen Fehler des Prognosewertes über mehrere Perioden an. Durch die relative Angabe in Prozent ist MAPE auch im Produktvergleich leicht zu interpretieren, da keine Kenntnisse über Volumina der betrachteten Produkte benötigt werden. Im Gegensatz zur MAD eignet sich somit der MAPE zum Vergleich von Produkten mit unterschiedlichem Absatzvolumen. MAPE wird insbesondere bei Produkten mit großen Volumina und einem relativ konstanten Nachfragemuster genutzt. Die Normalform des MAPE ist definiert als die Summe der Beträge aller Prognosefehler, dividiert durch den tatsächlichen Absatz unter Einbeziehung aller betrachteten Perioden. Die Formel für den MAPE lautet dementsprechend:

$$\text{MAPE} = \frac{\sum \left| \frac{\text{IstAbsatz}_t - \text{Prognose}_t}{\text{IstAbsatz}_t} \right|}{\text{Anzahl Perioden}}$$

MAPE basiert auf der Kennzahl des **Absolute Percentage Error (APE),** welche die „betragsmäßige prozentuale Abweichung" beschreibt. Bei der Berechnung des APE ist wie bei der Berechnung des MAPE darauf zu achten, dass dieser bei fehlendem Absatz, also einer Absatzmenge von 0, nicht berechnet werden kann, da die Formel entsprechend durch den Ist-Absatz geteilt werden muss. Eine Absatzprognose von mehr als 0 ist in diesen Fällen mit einem Prognosefehler von 100 % zu bewerten.

Neben seiner Normalform kann der **MAPE** ebenso nach dem Umsatz der betrachteten Güter **gewichtet** werden. Diese Kennzahl der „gewichteten mittleren betragsmäßigen prozentualen Abweichung" **(Weighted Mean Absolute Percentage Error, WMAPE)** sollte speziell dann angewandt werden, wenn hochwertige kritische Güter zu prognostizieren sind, die einen Großteil des Umsatzes ausmachen, jedoch in ihrem Volumen sehr gering sind und in Ihrer Bedeutung adäquat Berücksichtigung finden sollen. Zusätzlich ist der WMAPE außerdem äußerst nützlich, um die Prognosegüte für Produkte zu bestimmen, die einer starken Saisonalität unterliegen. In dieser Variante werden die absatzstärkeren Monate bei der Berechnung der mittleren Abweichung stärker als die absatzschwächeren Monate gewichtet. So kann eine kleine prozentuale Abweichung in einem absatzstarken Weihnachtsgeschäft einen viel stärkeren Effekt als eine prozentual größere Abweichung in einem absatzschwachen Sommermonat ausmachen. Durch den WMAPE wird nun die Absatzstärke einzelner Monate auch in der Berechnung des Prognosefehlers entsprechend reflektiert.

Ähnlich zu der Kalkulation des Gütemaßes MAD erfolgt die Kalkulation des „systematischen Fehlers" **(Bias).** Der Unterschied hierbei ist lediglich, dass beim Bias die tatsächlichen Abweichungen der Prognose vom Ist-Absatz und nicht die Beträge dieser Abweichungen aufsummiert werden. So können durch die Ermittlung dieser Kennzahl einseitige Verzerrungen in der Planung identifiziert werden. Es wird also sichtbar, ob insgesamt eher eine Über- oder Unterschätzung vorliegt. Ein positiver Bias-Wert könnte in der Praxis zum Beispiel entstehen, wenn der Vertrieb den Absatz stets zu hoch einschätzt. Die Folge wäre ein gesteigertes Einkaufs- und oder Produktionsvolumen. Schlussendlich verursacht die stetige Überschätzung des Absatzes vermeidbare Mehrkosten für das Unternehmen durch produzierte oder beschaffte, jedoch nicht abgesetzte Güter. Analog dazu wären auch eine stetige Unterschätzung und ein damit einhergehender entgangener Umsatz durch Fehlmengen denkbar. Dies wäre an einem stark negativen Bias-Wert zu erkennen. Die Kennzahl des Bias beleuchtet also strukturelle Verzerrungen und lässt eine Aussage über deren Ausmaß zu. Der Bias ist daher ein geeignetes Instrument, um das generelle Vorgehen des Planers zu analysieren und bei stetigen Abweichungen in dieselbe Richtung entsprechend gegensteuern zu können. Mathematisch betrachtet besteht der Bias im Zähler aus der Summe der Abweichungen und im Nenner aus der Anzahl der betrachteten Perioden. Genau wie der MAD gibt auch der Bias eine absolute Zahl an und hat dadurch eine Schwachstelle bei der Vergleichbarkeit zwischen Produkten mit unterschiedlichen Absätzen. Die Berücksichtigung der Über- oder Unterschätzung erfolgt durch das Weglassen der betragsmäßigen Berechnung in der Formel, sodass sich negative Werte mit positiven Werten in der Summenbildung saldieren.

$$\text{Bias} = \frac{\sum(\text{Prognose}_t - \text{ISTAbsatz}_t)}{\text{Anzahl Perioden}}$$

Das Abweichungssignal **(Tracking Signal, TS)** setzt an der Schwachstelle des Bias an und gewährleistet eine Vergleichbarkeit von Produkten mit unterschiedlichen Absatzvolumina durch eine Normierung. Mathematisch ausgedrückt ist das Tracking-Signal der Quotient aus den bereits beschriebenen Kennzahlen Bias und MAD.

$$\text{TS} = \frac{\text{Bias}}{\text{MAD}}$$

Das TS kann Werte im Intervall von -1 bis 1 annehmen und gibt dadurch bereits die Richtung der Abweichung an. Ein Tracking Signal nahe -1 bedeutet eine strukturelle Unterschätzung, ein Tracking Signal nahe +1 eine strukturelle Überschätzung des zukünftigen Absatzes. Das Tracking Signal ist in der Praxis neben dem MAPE die am weitesten verbreitete Kennzahl zur Berechnung der Prognosegenauigkeit. Viele Unternehmen erheben regelmäßig beide Kennzahlen, um sowohl eine Information über die Höhe der Abweichung als auch über den strukturellen Fehler zu erhalten.

Die Quadratwurzel des „mittleren quadratischen Fehlers" **(Root Mean Squared Error, RMSE)** ist eine weitere Kennzahl zur Bestimmung der Prognosegenauigkeit. Mathematisch ist diese wie folgt definiert:

$$\text{RMSE} = \sqrt{\frac{\sum(\text{Prognose}_t - \text{IstAbsatz}_t)^2}{\text{Anzahl Perioden}}}$$

Damit wird der RMSE aus der Quadratwurzel des durchschnittlichen Prognosefehlers berechnet. Bei der Ergebnisinterpretation gilt, dass mit größer werdenden Werten des RMSE die Prognosegenauigkeit abnimmt. Bei der Kalkulation des RMSE werden Prognosefehler quadriert, was dazu führt, dass größere Prognosefehler eine stärkere Gewichtung erhalten. Der RMSE reagiert dadurch sensibler auf Prognoseabweichungen und ist insbesondere für die Betrachtung kritischer stark schwankender Güter praktikabel, da eine etwaige größere Prognoseabweichung stark ins Gewicht fällt. Der RMSE ist eine normierte Kennzahl und eignet sich dementsprechend analog MAPE und TS zur Vergleichbarkeit zwischen Produkten mit unterschiedlichen Absätzen.

Gütemaß	Formel	Art der Betrachtung
Mean Absolute Deviation	$\frac{\Sigma\lvert \text{Prognose}_t - \text{IstAbsatz}_t \rvert}{\text{Anzahl Perioden}}$	Absolute Betrachtung
Mean Absolute Percentage Error	$\frac{\Sigma\left\lvert \frac{\text{Prognose}_t - \text{IstAbsatz}_t}{\text{IstAbsatz}_t} \right\rvert}{\text{Anzahl Perioden}}$	Normierte Betrachtung
Bias	$\frac{\Sigma(\text{Prognose}_t - \text{IstAbsatz}_t)}{\text{Anzahl Perioden}}$	Absolute Betrachtung
Tracking Signal	$\frac{\text{Bias}}{\text{MAD}}$	Normierte Betrachtung
Root Mean Squared Error	$\sqrt{\frac{\Sigma(\text{Prognose}_t - \text{IstAbsatz}_t)^2}{\text{Anzahl Perioden}}}$	Normierte Betrachtung

Abb. 4.9 Übersicht Messung Prognosegüten

Abb. 4.9 fasst die vorgestellten Gütemaße zusammen. Eine nachhaltig erfolgreiche Absatzprognose bedarf eines grundsätzlichen Verständnisses der möglichen auftretenden Fehler. Dabei ist die Genauigkeit der Absatzprognose der wesentliche Erfolgsfaktor eines performanten S&OP-Prozesses. Nur wenn ein Unternehmen seine Prognosegüten sowohl bestimmen als auch richtig interpretieren und daraus geeignete Schlussfolgerungen ableiten kann, wird es einen nachhaltigen Nutzen aus der Absatzprognose realisieren können.

Quick-Check – Bewerten Sie sich selbst: Wie beurteilen Sie die Prognosegütemessung in Ihrem Unternehmen?

Stage 1 – Beginner:

- Kein Nachhalten der Prognosegüte
- Keine Gütemaße implementiert

Stage 2 – Basic:

- Messgrößen zur Prognosegüte sporadisch erhoben
- Fokus auf Gesamtabweichungen und hohe Aggregationsebene

Stage 3 – Advanced:

- Regelmäßige und automatisierte Ermittlung der Prognosegüte
- Fokussierung auf eine Messgröße, z. B. MAPE

Stage 4 – World Class:

- Regelmäßige und automatisierte Ermittlung der Prognosegüte
- Mehrdimensionale Messung und Überwachung der Prognosegüte (z. B. MAD, MAPE, Tracking Signal) auf verschiedenen Aggregationsebenen

4.4 Anbieterüberblick

Der Markt der Prognosesoftwareanbieter hat sich in den vergangenen Jahren synchron zu der Bedeutung des Themenkomplexes S&OP stetig weiterentwickelt. Eine immer größere Auswahl an Anbietern und Softwarelösungen steht den Unternehmen für ihre Absatzplanung zur Verfügung. Dabei ist der Markt einerseits durch hochspezialisierte Anbieter gekennzeichnet, deren Geschäftstätigkeit ausschließlich diese Softwarelösungen für Absatzplanungen beinhalten. Andererseits bieten große Softwarekonzerne die entsprechenden Funktionalitäten als spezielle Module, z. B. im Rahmen von ERP-Systemen, an. Durch die steigende Komplexität bei der Suche und Auswahl eines passenden Anbieters ist eine umfassende Recherche möglicher Anbieter sinnvoll. Im Folgenden wird ein Überblick über einige ausgewählte und etablierte Prognosesoftwareanbieter gegeben, um ein grundlegendes Verständnis des Marktes zu erhalten. Dieser Überblick ist ausdrücklich nicht als vollständiger Marktüberblick zu verstehen. Die Anbieterübersicht wurde ausschließlich mithilfe öffentlich zugänglicher Quellen und Unternehmensdaten erstellt. Daher wurde nicht für jeden Softwareanbieter zwangsläufig ein vergleichbarer Detailgrad an Funktionen, angewandten Verfahren und sonstigen Informationen aufbereitet. In Abb. 4.10 werden fünf Anbieter vorgestellt (die Reihenfolge der Anbieter wurde alphabetisch vorgenommen):

Das Unternehmen **DISKOVER** bietet mit seiner Softwarelösung **DISKOVER SCO** eine Prognosesoftware für Produktions- und Handelsunternehmen aus unterschiedlichen Branchen an. DISKOVER ist auf die Optimierung der Supply Chain spezialisiert, kann mittlerweile auf über 20 Jahre Erfahrung in diesem Themengebiet zurückblicken und hat diverse internationale Unternehmen mit der Software DISKOVER SCO ausgestattet. DISKOVER SCO hat einen modularen Aufbau, sodass das Programm durch Zusatzmodule flexibel erweitert werden kann. Zur Absatzprognose dienen insbesondere die beiden **Module Forecasting** sowie **Initial and Final Demand Forecasting.** DISKOVER SCO kann sowohl auf Windows als auch auf LINUX Betriebssystemen implementiert werden, die Anbindung an bestehende ERP-Systeme wie beispielsweise SAP ist sichergestellt. DISKOVER verwendet zahlreiche Prognoseverfahren, um jegliche Formen von Absatzentwicklungen abzudecken. Wie andere Softwareanbieter ist DISKOVER SCO durch die Individualisierungsmöglichkeiten sowohl für unerfahrene als auch erfahrene User geeignet. Einige bekannte Referenzen sind die Unternehmen Trost, Hansa-Flex oder die staatliche Porzellan-Manufaktur Meissen.

Anbieter	Homepage	Kontakt
DISKOVER	www.diskover.eu/ supply-chain-optimizer/	info@diskover.eu
IBM	www.ibm.com/analytics/ de/technology/spss/	halloibm@de. ibm.com
Inform	www.inform-software.de/ produkte/addone	info@inform-software.com
SAP	www.sap.com/products/ integrated-business-planning.html	info.germany @sap.com
SAS	www.sas.com/en_ us/software/forecast-server.html	info@ger.sas.com

Abb. 4.10 Übersicht Softwareanbieter

IBM – SPSS ist eine Statistiksoftware des US-amerikanischen IT-Anbieters IBM und bei verschiedensten Unternehmen und Institutionen weltweit im Einsatz. Als einer der größten Marktteilnehmer der Softwareindustrie verfügt IBM über jahrzehntelange Erfahrung im Bereich der Statistiksoftware. Die Softwarelösung SPSS umfasst zunächst das Grundmodul IBM – SPSS Statistic Base, welches als Basis für jede mögliche Erweiterung des Programms zu Beginn implementiert werden muss. SPSS kann auf unterschiedlichsten Betriebssystemen, wie Linux, MAC OS oder Microsoft Windows verwendet und somit an alle gängigen Betriebssysteme angeschlossen werden. Darüber hinaus stellt SPSS eine Anbindung an gängige ERP-Systeme sicher. Auf dem Grundmodul können verschiedene Erweiterungsmodule aufgeschaltet werden, z. B. **IBM – SPSS Forecasting** für die Absatzprognose. Dieses Modul setzt zur Absatzprognose Verfahren wie ARIMA, die Regressionsanalyse und die exponentielle Glättung ein und deckt sowohl additive als auch multiplikative Zeitreihen ab. Bei der Prognose der zukünftigen Absatzzahlen wird eine Vielzahl Parametern einbezogen, was eine ganzheitliche Betrachtung sicherstellen soll. Das Programm ist sowohl für erfahrene als auch unerfahrener User geeignet, da die Software je nach bisherigem Kenntnisstand dem User Unterstützung bei der Prognoseerstellung bietet soll. Erfahrene User können beispielswiese jeden einzelnen Parameter selbst steuern oder eigene Modelle entwickeln. Unerfahrenere User hingegen können auf eine breite Auswahl an bestehenden Modellen zurückgreifen, auch ohne spezifische Kenntnisse über einzelne Parameter zu haben, welche beispielsweise für eine exponentielle Glättung oder ARIMA-Reihenfolgen ausgewählt werden müssen. Zu den Referenzen IBMs gehören unter anderem Daimler oder die Deutsche Sporthilfe. Ein Unternehmen kann bei Implementierung von SPSS sowohl die Anzahl an Usern als auch den Zeitraum der Lizenzgültigkeit variabel wählen.

Das auf intelligente Optimierung spezialisierte deutsche Softwareunternehmen **Inform** bietet mit dem **add*ONE Demand Planner** ebenfalls eine umfangreiche Prognosesoftware an. Inform kann genau wie die bereits vorgestellten Softwareanbieter auf eine lange Unternehmenshistorie zurückblicken. Der add*ONE Demand Planner ist modular aufgebaut. Zu den Grundfunktionen des Programms gehören Prognoseverfahren, graphische Datenaufbereitungen, Absatzsimulationen und flexibel anpassbare Modelle zur individuellen Gestaltung der Analysen. Inform bietet die Möglichkeit einer automatischen Analyse von Zeitreihen und einer einhergehenden Zuordnung eines passenden Prognoseverfahrens. Eine angestrebte cross-funktionale Absatzplanung ist beim add*ONE Demand Planner durch Einbeziehung der Bereiche Geschäftsleitung, Beschaffung, Produktion Marketing und Vertrieb gewährleistet. Zu den Kunden gehören bekannte Unternehmen wie Beiersdorf, Liebherr, Merck oder Thyssenkrupp, die durchweg über stark diversifizierte und anspruchsvoll zu planende Produktsortimente verfügen.

Der weltweit agierende deutsche Softwarekonzern **SAP** bietet gleich zwei Prognosesoftwaresysteme an: **SAP APO** und **SAP IBP.** Wie die anderen Anbieter auch, kann SAP auf eine lange Geschichte in der Softwareentwicklung zurückblicken. Beide Programme zur Absatzprognose weisen Ähnlichkeiten zueinander auf, sind jedoch punktuell verschieden. Die Hauptunterschiede zwischen den beiden Programmen liegen in der Bedienbarkeit und in den verwendeten Prognoseverfahren. SAP APO war zu Beginn ein eigenständiges Programm, ist mittlerweile jedoch in das SAP SCM integriert. SAP SCM selbst ist ein Softwareprogramm zur Planung und Steuerung der gesamten Supply Chain. SAP APO verfügt speziell zur Absatzplanung über das Demand Planning Modul DP. Die zweite Prognosesoftware aus dem Hause SAP ist IBP. SAP IBP enthält beispielswiese Absatzsimulationen und Prognosefunktionen, deren Bedienoberfläche einfacher zu verstehen ist als bei SAP APO und darüber hinaus auch mobil eingesetzt werden kann. Im Vergleich zu SAP APO verwendet SAP IBP zur Berechnung der Absatzprognose zusätzlich komplexere Prognoseverfahren, z. B. stehen den Usern von SAP IBP ARIMA Verfahren zur Verfügung. Eine umfassende Darstellung der Funktionalitäten von SAP IBP findet sich in Markin und Sinha (2017). Grundsätzlich können alle SAP- Systeme auf allen gängigen Betriebssystemen genutzt werden und eine Anbindung an weitere SAP-ERP-Systeme ist durch eine Vielzahl von Schnittstellen in den Softwareprogrammen sichergestellt. Die Softwareprogramme von SAP werden durch Schulungs- und Beratungsmöglichkeiten unterstützt. Mithilfe diverser SAP-Foren können viele Hilfestellungen und Anleitungen gefunden werden. SAPs Referenzen sind z. B. Unilever oder Day & Zimmermann.

Das ebenfalls US-amerikanische Unternehmen **SAS** bietet seit mehreren Jahrzehnten Softwareprogramme für unterschiedliche Themenbereiche und Branchen an. SAS-Software wurde weltweit in verschiedensten Unternehmen und Branchen implementiert. Zur

Absatzprognose wurde von SAS die Softwarelösung **SAS Forecast Server** entwickelt. Diese Software bietet neben diversen statistischen Grundfunktionen ebenfalls die Möglichkeit einer individuell angepassten statistischen Analyse in Abhängigkeit bestimmter unternehmensspezifischer Gegebenheiten sowie umfassende Absatzsimulationen. Eine Anbindung an geläufige ERP-Systeme ist ebenfalls möglich. Des Weiteren ermöglicht die Software die Nutzung verschiedener Modellierungssprachen wie beispielsweise Python oder Java. Ein Hauptaugenmerk bei der Entwicklung des SAS-Softwareprogramms wurde insbesondere auf die Cross-Funktionalität gelegt. Das Programm verspricht die Unterstützung einer gemeinschaftlichen Absatzplanung innerhalb des Unternehmens und berücksichtigt dafür in seinen Modellen verschiedenste Parameter. SAS stellt seine Userfreundlichkeit und visuelle Aufbereitung der Absatzprognosen als große Stärke heraus. Prognoseergebnisse sollen leicht verständlich aufbereitet werden. Auch SAS nutzt in seiner Prognosesoftware die gängigsten Prognoseverfahren. Diesbezüglich kann der User unter anderem auf ARIMA, die exponentiellen Glättung und die Regression bei der Analyse zurückgreifen. Für unerfahrene User bietet die Software eine automatisierte Prognoseerstellung. User, die bereits tiefer gehende Erfahrungen mit der Erstellung von Absatzprognosen sammeln konnten, haben auch bei SAS die Möglichkeit einer individuellen Modellerstellung mithilfe speziell zugeschnittener Algorithmen. Einige Unternehmen, die SAS Software verwenden, sind die Commerzbank, Nestlé oder CLAAS.

Es ist erkennbar, dass allgemeine Anforderungen, Grundfunktionen und verwendete Prognoseverfahren der vorgestellten Anbieter, soweit öffentlich einsehbar, große Ähnlichkeiten zueinander aufweisen. Welches spezielle Softwareprogramm letztlich das geeignetste für die individuellen Bedürfnisse eines Unternehmens ist, sollte durch eine professionell strukturierte Anbieterauswahl herausgefunden werden.

4.5 Implementierungsprozess

4.5.1 Der Prozess im Überblick

Für die Einführung einer Prognosesoftware hat sich ein dreistufiger Prozess bewährt (siehe Abb. 4.11). Noch vor der eigentlichen Ausschreibung ist die **Nutzenbewertung** den Systemkosten auf grober Ebene gegenüber zu stellen, um die generelle Sinnhaftigkeit der Systemeinführung zu validieren. Im Anschluss wird eine strukturierte **Anbieterauswahl** durchlaufen, welche letztendlich in der eigentlichen **Systemeinführung** mündet.

Für ergänzende Erläuterungen zur Einführung von Supply-Chain-Planungssystemen im Allgemeinen und Prognosesystemen im Speziellen wird auf Kilger (2010), Kilger und Wetterauer (2010) sowie auf Wetterauer und Meyer (2010) verwiesen.

Abb. 4.11 Überblick Implementierungsprozess

4.5.2 Nutzenbewertung

Im Rahmen einer ersten Nutzenabschätzung sollten zumindest die in Abb. 4.12 dargestellten Bereiche Beachtung finden und entsprechend hinsichtlich der Vorteile bei akkuraterer Absatzplanung beleuchtet werden:

Reduktion Unterplanung: Durch die Reduktion der Unterplanung von Absätzen werden die Kosten für teure Nachlieferungen bzw. Nachproduktionen sowie für Kundenpönalen verringert und entgangene Umsätze vermieden.

Reduktion Überplanung: Durch die Reduktion der Überplanung von Absätzen werden Überbestände vermieden, wodurch Kapitalbindungs- und Lagerkosten sowie Obsoleszenzkosten verringert werden. Zusätzlich sinkt die Kapitalbindung im Unternehmen, wodurch sich Bilanzkennzahlen und somit das Unternehmensrating verbessern, was wiederum zu günstigeren Finanzierungskosten führt.

Wirtschaftliche Losgrößen: Darüber hinaus kann im Produktionsbereich mit wirtschaftlicheren Losgrößen gefertigt werden, wenn Absätze nun auch mittelfristig mit höherer Güte prognostiziert und die resultierenden Produktionsmengen passgenauer eingesteuert werden können.

Effektivere Nutzung Ressourcen Vertrieb: Letztendlich werden durch die effizientere Prognoseerstellung insbesondere im Vertrieb Ressourcen für Verkaufstätigkeiten

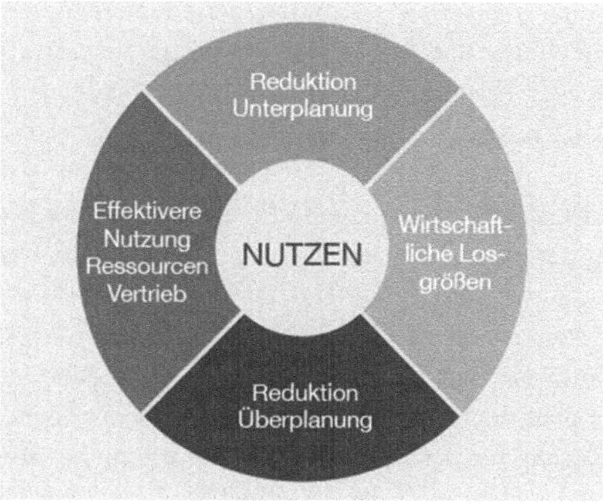

Abb. 4.12 Implementierungsprozess – Nutzenabschätzung

frei, wodurch ggfs. zusätzliche Umsätze generiert werden können. Zudem sinken die Verwaltungsaufwendungen im Unternehmen, da weniger Aufwand für die Datenkonsolidierung und Datenplausibilisierung entsteht.

Zur ersten Abschätzung der anvisierten Effekte bietet es sich an, vor dem Start des eigentlichen Implementierungsprojektes verschiedene Algorithmen auf eine Auswahl repräsentativer Beispielartikel anzuwenden. Gleitende Durchschnitte oder einfache Verfahren der exponentiellen Glättung können zum Beispiel relativ schnell in Excel modelliert werden. Mit etwas tiefer gehenden Kenntnissen in Excel und des Excel-Solvers können durchaus auch anspruchsvollere Verfahren der exponentiellen Glättung, z. B. das Holt-Winters-Verfahren, gerechnet werden. Die Güte der auf dieser Basis erstellten Prognosen kann dann mittels verschiedener Kennzahlen (siehe Abschn. 4.3) bestimmt und der Güte der aktuell im Unternehmen eingesetzten Planungsverfahren gegenübergestellt werden. Gilliland (2010) empfiehlt als Vergleichsmaßstab zusätzlich den naiven Forecast, da dieser ohne größeren Aufwand implementiert werden kann. Sollte sich hier bereits herausstellen, dass mittels dieser Algorithmen bei einer Reihe von Artikeln eine höhere Prognosegüte erzielt werden kann, kann mit der detaillierten Abschätzung von Kosten und Nutzen des Projekts begonnen werden. Auch bei in etwa gleichen Prognosegüten kann ein Implementierungsprojekt durchaus Sinn machen, da eine Prognosesoftware regelmäßig neue Algorithmen sowie Parameteroptimierungen zur Verfügung stellt, sodass im weiteren Verlauf des Projektes eine gegenüber der aktuellen Situation deutlich gesteigerte Prognosegüte möglich ist. Sollte es allerdings bei nur sehr wenigen Artikeln zu einer recht geringen Verbesserung der Prognosegüte kommen, so ist der Einsatz einer Prognosesoftware nochmals zu hinterfragen, da in diesem Fall die Absatzverläufe durch den Einsatz von Algorithmen möglicherweise nicht hinreichend gut prognostiziert werden können und eine manuelle Absatzplanung dem Einsatz von Algorithmen vorzuziehen ist.

Zusätzlich zu diesen quantitativen Effekten sind auch qualitative Nutzeneffekte in die Bewertung einzubeziehen, die kaum oder gar nicht quantifizierbar sind. Beispiele aus diesem Bereich sind eine **erhöhte Kundenzufriedenheit** durch verbesserte Lieferperformance und Vermeidung von Stock-outs sowie eine verbesserte **Zusammenarbeit im Unternehmen** bei der Erstellung und Abarbeitung von Plänen. Weitere qualitative Nutzeneffekte sind das **Freisetzen zeitlicher Ressourcen,** insbesondere im Vertrieb, die dann für wertschöpfende Aktivitäten eingesetzt werden können, sowie die Möglichkeit der **Fokussierung** auf kritische und manuelle Eingriffe erfordernde Planungsthemen, da viele Routine-Planungstätigkeiten von der Software übernommen werden können.

Der beschriebene und zu bewertende Nutzen ist dann den Systemkosten gegenüber zu stellen. Zu den Systemkosten gehören einerseits Einmalaufwendungen für Lizenzen, Beratungskosten, Hardware und Zusatzsoftware (z. B. Betriebssysteme oder Datenbanken), andererseits aber auch die laufenden Kosten für Systemwartung und Betrieb. Auch die internen Kosten für das Projekt (z. B. erforderliche Mitarbeiter-Ressourcen für die Einführung und den Betrieb des Systems) sind einzubeziehen. Im Sinne einer Gesamtabwägung ist dann zu entscheiden, ob das Implementierungsprojekt angegangen werden soll.

4.5.3 Anbieterauswahl

Hat sich ein Unternehmen entschieden, den S&OP-Prozess im Bereich der Absatzplanung mit einer Systemunterstützung zu hinterlegen, so gilt es den individuell passenden Anbieter herauszufiltern. Die Auswahl dieses Dienstleisters und der entsprechenden Software kann gemäß dem klassischen strategischen Einkaufsprozess in fünf Schritten vollzogen werden (siehe Abb. 4.13).

Schritt 1: Bedarfsanalyse:
Im ersten Schritt – **der Bedarfsanalyse** – sollten die gewünschten Leistungen und notwendigen Anforderungen einer Softwarelösung erarbeitet und in einem sogenannten Lastenheft zusammengefasst werden. Die Erstellung des Lastenhefts kann nach Erarbeitung eines initialen Entwurfs durch den Vertrieb oder die IT-Abteilung im Rahmen eines funktionsübergreifenden Workshops stattfinden, sodass die Interessen möglichst aller potenziellen zukünftigen Anwender Berücksichtigung finden. Nach der reinen Erfassung und Strukturierung der Anforderungen einzelner Teilnehmer aus den Fachabteilungen sollten diese hinreichend hinterfragt und bereits in diesem Schritt priorisiert werden. Es bietet sich an, im Vorfeld Klarheit darüber zu schaffen, welche Anforderungen verpflichtend sind, welche Anforderungen nur unter Kosten-Nutzen-Aspekten notwendig sind und auf welche Anforderungen unmittelbar verzichtet werden kann. Ein konkretes Beispiel für eine Anforderung, welche unter Kosten-Nutzen-Aspekten zu bewerten wäre, ist die Useranzahl. Typischerweise bieten Softwareanbieter Kontingente an Userlizenzen an und lassen sich zusätzliche Lizenzen und entsprechende Berechtigungsstrukturen vergüten. Aus diesem Grund ist es sinnvoll bereits im Rahmen der Bedarfsanalyse zu definieren, wie viele User in der eigenen Organisation zwingend

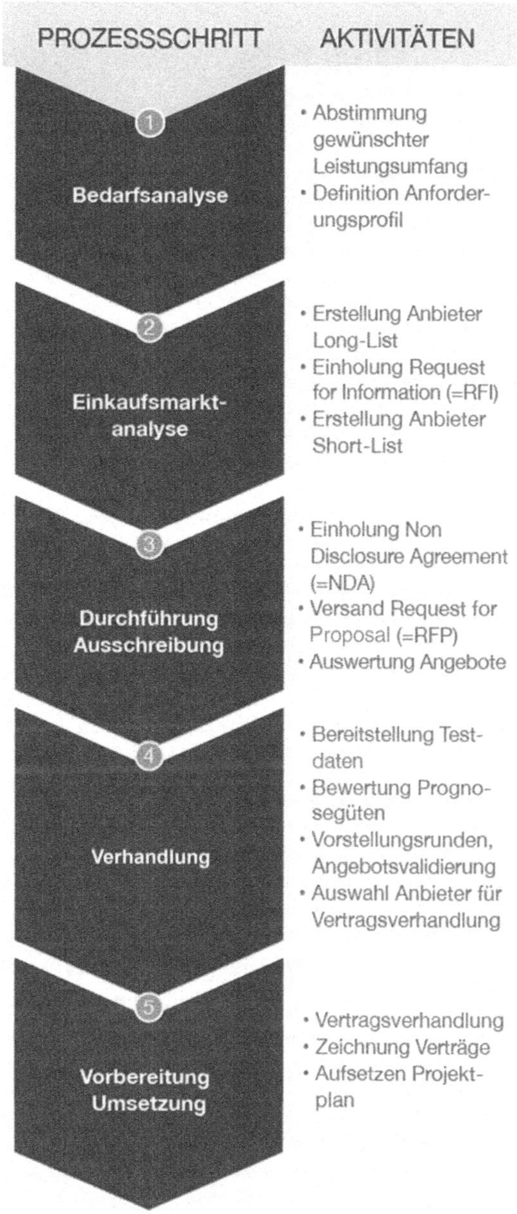

Abb. 4.13 Strategischer Einkaufsprozess

notwendig (=Anforderung verpflichtend notwendig) und wie viele User wünschenswert (=Anforderung nur unter Kosten-Nutzen-Aspekten notwendig) wären.

Im Allgemeinen lassen sich die Anforderungsbereiche an die Einführung einer Softwarelösung gemäß der TASK-Formel gliedern (siehe Abb. 4.14):

Abb. 4.14 TASK-Formel

Technische Anforderungen: Die technischen Anforderungen beschreiben einerseits die Anforderungen an die Softwarelösung selbst, wie z. B. den Leistungsumfang (siehe Abschn. 4.1). Andererseits gilt es an dieser Stelle zu überprüfen, welche fachlichen Qualifikationen und Fähigkeiten zur Anwendung der Softwarelösung erforderlich sind, damit entsprechende Mitarbeiter identifiziert und vor Einführung der Software in der Organisation hinreichend geschult werden können.

Ablauforganisatorische Anforderungen: Im Rahmen der ablauf-organisatorischen Anforderungen sollten die aktuellen S&OP-Prozesse beleuchtet werden, sodass bereits im Auswahlprozess einer Softwarelösung unternehmensspezifische Genehmigungsverfahren oder Prozessreihenfolgen berücksichtigt werden können. In einem späteren Schritt kann dann geprüft werden, inwieweit die Prozesse mit der Softwarelösung abgebildet werden können oder ob Anpassungen notwendig sind.

Sozial-menschliche Anforderungen: Bei den sozial-menschlichen Anforderungen geht es darum, zu Projektbeginn realistische Erwartungen im Unternehmen zu schaffen. Die Einführung einer systemgestützten Absatzplanung ist ein mittel- bis langfristiger, kontinuierlicher Verbesserungsprozess, bei welchem kurzfristige Hürden und Problemstellungen gemeistert werden müssen. Das Bewusstsein, dass an Tag 1 nach der Einführung kein „Allheilmittel" zu erwarten ist, muss in der Organisation und bei allen Prozessteilnehmern verankert werden, damit die Akzeptanz der Software nicht frühzeitig und unbegründet verloren geht.

Kaufmännisch-wirtschaftliche Anforderungen: Bei diesen Anforderungen geht es um die Festlegung von Budgets für die angestrebte Softwarelösung. Diese lassen sich in initiale Investitionen (z. B. Kosten zur Anbindung der Software in die eigene Systemlandschaft und die initiale Einrichtung der Software) sowie Folgekosten im Laufe der Nutzungsdauer (z. B. Lizenzgebühren oder Wartungskosten) unterteilen.

Schritt 2: Einkaufsmarktanalyse:

Der zweite Schritt nach der Bedarfsfestlegung ist **die Einkaufsmarktanalyse,** deren zentrale Fragestellung lautet: Welcher Anbieter hat für die definierten Anforderungen und gewünschten Leistungsumfänge eine Lösung parat? Insbesondere bei der systemgestützten Absatzplanung reichen die bereits im Unternehmen etablierten IT-Dienstleister als Anbieterkreis oftmals nicht aus. Für einen effektiven Einkauf von Softwarelösungen ist ein guter Überblick über den Anbietermarkt essenziell. Einen ersten Ansatzpunkt bietet die Aufstellung möglicher Anbieter wie beispielhaft in Abschn. 4.4 beschrieben. Alle potenziell infrage kommenden Dienstleister sollten in einer Anbieter-**„Long List"** gesammelt werden. Nach Erstellung dieser Long List sollte ein **„Request for Information" (RFI)** – also eine strukturierte Befragung der identifizierten Anbieter im Sinne einer Lieferantenselbstauskunft – vorgenommen werden, um zunächst einmal zu verifizieren bzw. grob zu prüfen, welche der vorab definierten Anforderungen eingehalten werden können und welchen Leistungsumfang einzelne Dienstleister anbieten. Des Weiteren kann im RFI mit ersten Fragen evaluiert werden, welche Bedeutung das eigene Unternehmen für den Anbieter haben könnte; z. B. über einen besonders großen Anteil am Umsatz bei kleineren Dienstleistern oder als Referenzkunde, wenn ein Dienstleister mit dem Geschäft beispielsweise eine neue Branche erschließt. Diese Informationen lassen erste Abschätzungen hinsichtlich der eigenen Verhandlungsposition zu und sind für den späteren Ausschreibungsprozess wertvoll. Das Ergebnis von RFI und entsprechenden Auswertungen ist die Anbieter-**„Short List"**, welche nur noch jene Dienstleister enthält, die an der Ausschreibung teilnehmen sollen.

Schritt 3: Durchführung Ausschreibung:
Sind die gewünschten Anforderungen und Leistungsumfänge sowie der Anbietermarkt bekannt, kann im nächsten Schritt die **Durchführung der Ausschreibung** starten. Da im Rahmen einer Ausschreibung vertrauliche Informationen ausgetauscht werden, sollte dieser Prozessschritt mit der Einholung einer **Vertraulichkeitsvereinbarung (=Non Disclosure Agreement, NDA)** beginnen. Insbesondere bei der Suche nach einer Softwarelösung zur Absatzplanung kann es wichtig sein, dass keine Informationen an Dritte gelangen, beispielsweise wenn im Ausschreibungsprozess Testdaten mit echten Kundenabsätzen bereitgestellt werden. Nach der Unterzeichnung des NDA wird der **„Request for Proposal" (RFP)** an alle Dienstleister der Short List versandt. Hauptzweck des RFP ist es, den Dienstleistern ein möglichst genaues Bild der Anforderungen zu vermitteln, um belastbare und vergleichbare Angebote zu bekommen. Gleichzeitig hat der RFP aber auch die Funktion potenziellen Dienstleistern zu signalisieren, dass es sich um einen ergebnisoffenen Prozess handelt. Denn die Durchführung einer Ausschreibung ist mit einem gewissen Aufwand verbunden, den ein Unternehmen sich in der Regel spart, wenn es bereits eine Festlegung bzgl. der Dienstleister gäbe. Der RFP kann illustrativ in die folgenden Bereiche untergliedert werden:

Allgemeine Hinweise zum Ausschreibungsprozess: Im Bereich der allgemeinen Hinweise sollten Informationen zum eigenen Unternehmen sowie zum Ausschreibungsprozess aufbereitet werden. Von Interesse können beispielsweise der Umsatz, die Anzahl der Mitarbeiter, die Standorte oder die Anzahl an Marken und Produktgruppen bzw. Artikeln sein, die aktuell beplant werden. Neben diesen Angaben sollte das Ziel der

Ausschreibung formuliert und der Ausschreibungsprozess klar abgesteckt sein. Außerdem sollten ein Ansprechpartner für Fragen der Ausschreibungsteilnehmer, ein konkreter Zeitplan für die Angebotsabgabe sowie für die sich anschließenden Verhandlungen und die Bewertungskriterien für die Anbieterauswahl genannt werden.

Mengengerüst: Ein Mengengerüst auf grober Ebene hilft dem Anbieter, ein adäquates Angebot zu kalkulieren. Hierzu gehören einerseits Angaben zur gewünschten Anzahl von Master-Usern mit Vollzugriff und Administrationsrechten sowie Angaben zur gewünschten Anzahl von allgemeinen Usern, also User, die die Software operativ im Planungsprozess anwenden. Zusätzlich sollten Angaben zur Anzahl der zu planenden Artikel bzw. SKUs, der Anzahl der Kunden sowie der Anzahl der Hierarchieebenen von Artikeln und Kunden gemacht werden, um einen Eindruck der Planungskomplexität zu geben. Zuletzt helfen Angaben zu den Planungseigenschaften wie dem Planungsintervall (z. B. monatlich), dem Planungshorizont (z. B. 24 Monate), der Planungszeiteinheit (z. B. Monat) und der Planungsmengeneinheiten (z. B. Stück, Liter, Gramm oder Paletten) dem Anbieter, eine erste Abschätzung des Aufwands für die Erstellung der grundsätzlichen Modellstruktur zu treffen.

Anforderungen: Im Anforderungsteil erläutert das ausschreibende Unternehmen detailliert seine Anforderungen an die einzuführende Software aus Sicht des Unternehmens. Die hier zu erstellende Systembeschreibung wird später vom ausgewählten Dienstleister als Grundlage für die Erstellung des Pflichtenheftes genommen, in dem beschrieben wird, wie genau der Dienstleister die Anforderungen in seinem Programm umsetzen wird. Der Bereich kann je nach individuellem Bedarf beispielsweise in die vier folgenden Unterbereiche gegliedert werden (siehe Abschn. 4.1):

1. Anforderungen an Datenstrukturen und -darstellung
2. Anforderungen an Prognosemethoden
3. Anforderungen an Kollaboration
4. Anforderungen an Technik und Implementierung

Preisabfrage: Eine vordefinierte Preisabfrage hilft, den Auswertungsaufwand zu reduzieren und die Angebote untereinander vergleichbar zu machen. Es bietet sich aus diesem Grund an, die Anbieter zu verpflichten, ihr Angebot in einer vorgegebenen Struktur abzugeben. Die Preisabfrage sollte zumindest die drei folgenden Unterbereiche enthalten:

1. **Lizenzkosten:** Lizenzkosten ergeben sich häufig pro Master-User sowie pro allgemeinem User und fallen in der Regel einmalig für die Einrichtung der Lizenzen sowie jährlich für die fortlaufende Nutzung der Software an.
2. **Implementierungskosten:** Unter den Implementierungskosten werden die Personentage für die Implementierungsberatung und Einrichtung der Software sowie Durchführung von Anwenderschulungen subsummiert.

3. **Sonstige Kosten:** Der Bereich der sonstigen Kosten bietet den Anbietern die Möglichkeit weitere Kostenpositionen aufzuzeigen. Dies können beispielsweise Kosten für die Bereitstellung von Hardware oder Datenbanken sein.

Die beschriebene Untergliederung einer RFP-Unterlage soll als Orientierung dienen und kann in der Praxis abweichend ausgestaltet werden. Ziel ist es hierbei, den Anbietern einen möglichst umfassenden und einheitlichen Eindruck über den gewünschten Leistungsumfang zu geben, damit die Validität der eingehenden Angebote gewährleistet ist.

Schritt 4: Verhandlung:
Im vierten Schritt wird die finale **Anbieterauswahl** vollzogen. Hierfür wurde die Anzahl der Lieferanten im Verlauf der Anbieterauswahl systematisch immer weiter reduziert (siehe Abb. 4.15).

Nach Erstellung der Long List, Durchführung des RFI und Ableitung einer Short List sowie nachfolgender Auswertung eingegangener Angebote gilt es nun, ausgewählte Anbieter zu Vorstellungsrunden und Verhandlungen einzuladen. Eine Verhandlungssituation mit mindestens drei Anbietern bis zum Schluss des Auswahlprozesses ist ratsam, da es durch Aufrechterhaltung einer Konkurrenzsituation erleichtert wird, den Anbieter mit den besten Konditionen in Kombination mit dem besten Leistungsumfang zu identifizieren. Die erste Auswahl der Anbieter sollte anhand der Angebotsqualität sowie der angebotenen Konditionen stattfinden. Die Angebotsqualität kann dabei beispielsweise anhand formaler Kriterien, am Angebotsumfang oder anhand der Angebotsplausibilität festgemacht werden.

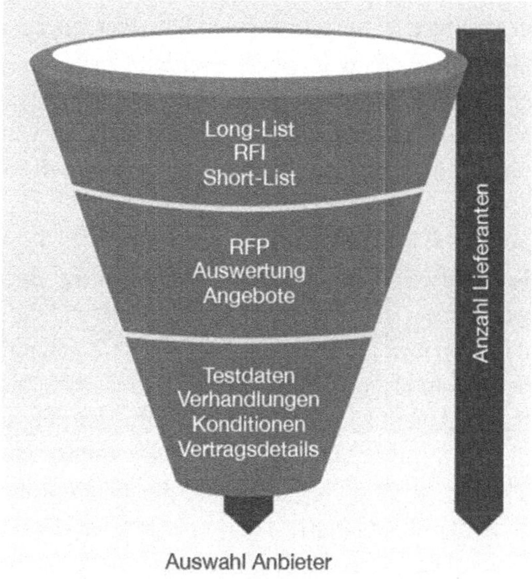

Abb. 4.15 Verlauf Anbieterselektion

Diesem wiederum reduzierten Kreis an Anbietern werden Testdaten mit echten Absätzen aus der Vergangenheit zur Verfügung gestellt, um die Qualität der Prognosen zu testen. Bei der Generierung von Testdaten muss nicht das gesamte Artikelsortiment übermittelt werden, sondern man sollte sich auf eine anonymisierte Auswahl an Artikeln beschränken, welche ein repräsentatives Abbild des Produktportfolios darstellen. Daher sollten nicht die Top-10- oder Top-20-Artikel nach Absatzvolumen ausgewählt werden. Vielmehr ist es sinnvoll, die 20–30 Artikel, welche die Charakteristika verschiedener Artikelgruppen des Unternehmens gut repräsentieren, zu verwenden. Diese können hohe sowie niedrige Absatzvolumina, ein ausgeprägtes Aktionsgeschäft und damit Sprunghaftigkeit der Nachfrage, eine Saisonkurve sowie einen starken Aufwärts- oder Abwärtstrend beinhalten.

Nachdem die repräsentative Artikelauswahl erstellt ist, müssen die historischen Zeitreihen aufbereitet werden. Die Bereitstellung der Daten sollte im in einem möglichst hohen Detailgrad, z. B. durch Angabe von Absätzen auf Tagesebene anstelle der Angabe von Absätzen auf Monatsebene, stattfinden. Je mehr Details den Anbietern zur Verfügung gestellt werden, desto mehr Spielraum haben diese bei der Einstellung ihrer Prognosesoftware zur Generierung von Prognosen. So können Absätze auf Tagesebene im Rahmen der Prognoseerstellung in verschiedenen Aggregationen, z. B. auf Wochen- oder Monatsebene, Verwendung finden, um jene Ebene mit dem besten Prognoseergebnis zu identifizieren. Darüber hinaus sollte eine möglichst lange Zeitreihe von mindestens drei, besser fünf oder mehr Jahren bereitgestellt werden. Je weiter die Daten in die Vergangenheit blicken lassen, desto besser können die Algorithmen auf Saisonalitäten, Trends oder andere Muster eingestellt werden. Das zuletzt abgelaufene Jahr sollte bei der Bereitstellung von Absatzdaten nicht zur Verfügung gestellt werden, sondern den Prognose-Zeitraum der Anbieter darstellen. Mit diesem Vorgehen lässt sich die Prognose des Anbieters für das abgelaufene Jahr gegen echte Absatzdaten – die den Anbietern nicht zur Verfügung gestellt wurden –, gegen eigene Prognosen im Unternehmen sowie gegen die Prognosen der Konkurrenzanbieter auswerten. So kann die Prognosequalität auf verschiedenen Ebenen verglichen werden, um neben Angebotsqualität und -konditionen eine weitere wesentliche Bewertungsebene in den Auswahlprozess einzubeziehen.

Schritt 5: Vorbereitung Umsetzung:
Im fünften Schritt – **der Vorbereitung der Umsetzung** – werden die Verträge gezeichnet, ein Projektplan aufgesetzt und im Rahmen eines „Kick-Off-Events" mit der Umsetzung begonnen. Vor finaler Zeichnung der Vertragsdokumente gilt es, diese noch einmal umfassend in Zusammenarbeit mit verschiedenen Fachabteilungen, z. B. der IT-Abteilung, dem Einkauf, dem Vertrieb und der Rechtsabteilung, zu prüfen. Bei der Vertragsgestaltung und -prüfung sollten als Orientierung zumindest die folgenden Themenkomplexe beleuchtet werden (siehe Abb. 4.16):

Systemlandschaft: Hier erfolgt eine finale Überprüfung aller technischen Parameter. Diese können beispielsweise die Leistungsfähigkeit der verwendeten Geräte, die

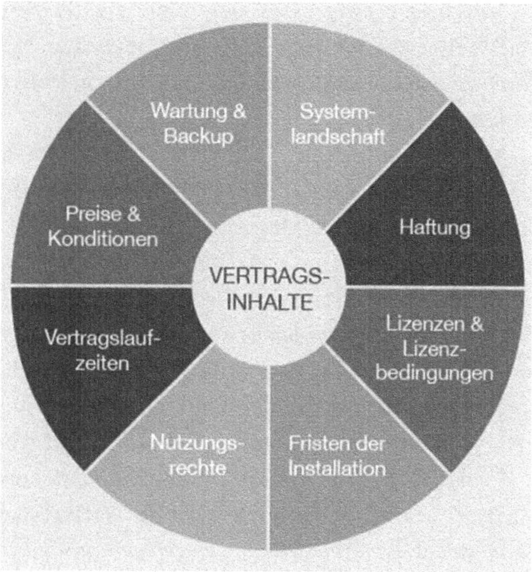

Abb. 4.16 Übersicht Vertragsinhalte

Betriebssystemversionen oder die Ausgestaltung von Datenbanken betreffen. Es gilt sicherzustellen, dass technische Anforderungen und technische Voraussetzungen übereinstimmen und eine einwandfreie Nutzung der Software möglich ist.

Haftung: Da fehlerhafte Algorithmen große Schäden im Unternehmen, wie Überbestände oder eine geringe Lieferfähigkeit auslösen können, sollten die Haftungsregelungen im Vertragswerk detailliert ausverhandelt werden, idealerweise unter Einbeziehung eines IT-Anwalts. In keinem Fall sollten die in den Allgemeinen Geschäftsbedingungen der Anbieter enthaltenen Haftungsregelungen ohne detaillierte Überprüfung akzeptiert werden.

Lizenzen & Lizenzbedingungen: Bei den Lizenzen wird nach Definition der gewünschten Art der Softwareüberlassung, beispielsweise Kauf oder Miete, die Anzahl von Anwendungslizenzen sowie Entwicklungslizenzen überprüft. Darüber hinaus wird sichergestellt, dass alle einzubindenden Mitarbeiter einen adäquaten Zugang besitzen, um das System z. B. gleichzeitig sowie ggf. gleichzeitig auf mehreren Geräten nutzen zu können. Hierbei gibt es zwei grundsätzliche Arten von Lizenzen: Die sogenannten „Named User" besitzen eine auf ihren Namen ausgestellte Lizenz, das Programm zu nutzen. Bei den „Concurrent Usern" hingegen wird die Lizensierung auf Basis der gleichzeitig im System tätigen User vorgenommen.

Fristen der Installation: Im Zusammenhang mit den Fristen sollten alle wesentlichen Meilensteine definiert werden, wie beispielsweise der Zeitpunkt der finalen Installation der Software auf allen Geräten, der Zeitpunkt der systemischen Nutzeranlage und -freigabe, die Terminierung von Schulungen durch den Anbieter sowie das Vorgehen bei Nichteinhaltung von Meilensteinen.

Nutzungsrechte: Bei den Nutzungsrechten können die Weiterverwertung bzw. der Weiterverkauf der Software oder der Nutzungsrechte, das Bearbeitungs- und Änderungsrecht oder Kopierklauseln sowie der Umgang mit Sicherungskopien definiert werden.

Vertragslaufzeiten: Die Vertragslaufzeiten beinhalten nicht nur die Sicherstellung einer adäquaten Vertragslänge. Es bietet sich bereits vor Abschluss des ersten Vertrages an, sich über die Verlängerung dieser Vertragskonstellation Gedanken zu machen. So kann es sinnvoll sein, eine Verlängerungsoption im ersten Vertrag zu integrieren, um sich eine Verlängerung der Nutzungsrechte zu sichern, sofern diese später gewünscht ist. Für den Fall, dass wider Erwarten der Dienstleister nicht in der Lage sein sollte, bis zu einem definierten Zeitpunkt ein voll funktionsfähiges System bereitzustellen, sollten entsprechende Rücktrittsrechte unter Berücksichtigung vorheriger schriftlicher Mahnungen und Nachfristsetzungen vertraglich vereinbart werden.

Preise & Konditionen: Die endverhandelten Preise und Konditionen am Ende des Verhandlungsprozesses werden in das Vertragswerk übernommen. Idealerweise wird das endverhandelte Preisblatt aus der Ausschreibung als Anlage zum Vertrag beigefügt und als Vertragsbestandteil im Hauptvertrag erwähnt.

Wartung & Backup: Der Bereich der Wartung sollte Reaktionszeiten und Stundensätze bzw. inkludierte Wartungsbudgets auf Jahresbasis und eine Angabe zu Wartungsrhythmen und -umfängen enthalten. Hierbei muss zwischen der rein technischen Wartung des Systems sowie der Wartung von beispielsweise den Prognosealgorithmen und deren kontinuierlicher Adjustierung und Optimierung unterschieden werden. Zusätzlich zum Wartungsverhalten werden Backupverpflichtungen und -intervalle beschrieben.

Die beschriebenen Themenfelder erheben keinen Anspruch auf Vollständigkeit und müssen in Einzelfällen geprüft und ggf. erheblich erweitert werden. Zusätzlich bietet es sich an, juristische Unterstützung von IT-Fachanwälten einzuholen. Sind die Verträge gezeichnet, sollte die Software schnellstmöglich in der Organisation eingeführt werden. Hierbei geht es nicht nur um technische oder administrative Themen, sondern insbesondere auch darum, alle zukünftigen Nutzer der Softwarelösung frühzeitig in den Implementierungsprozess zu integrieren. Des Weiteren müssen schnell konkrete Ansprechpartner und Verantwortliche identifiziert werden, die bei unvorhergesehenen Problemen eine Lösung herbeiführen, sodass möglichen Kritikern im eigenen Unternehmen keine Angriffsflächen geboten werden. Gerade in der Einführungsphase sollten die Projektverantwortlichen zuverlässige Abläufe sicherstellen, da Probleme in der Anfangsphase oftmals eine negative Stimmung gegenüber neuen Ansätzen und Prozessen bedeuten. Daher sollte frühzeitig mit dem Anbieter gemeinsam eine Kick-off-Veranstaltung organisiert werden, die als Informationsveranstaltung für das Unternehmen genutzt wird und in der unter anderem der Mehrwert der Software, die Anwendungsart, ein Umsetzungsplan, die Meilensteine und Verantwortlichkeiten ausführlich kommuniziert werden.

4.5.4 Systemeinführung

Die Systemeinführung kann wiederum in drei Einzelschritte unterteilt werden:

1. Ausdetaillierung und Pilotierung
2. Testing und laufende Verbesserungen
3. Rollout

Der erste Einzelschritt **„Ausdetaillierung und Pilotierung"** beginnt mit der oben beschriebenen „Kick-off Sitzung", in der alle involvierten Abteilungen vertreten sein sollten. In dieser Sitzung stellt der Anbieter sein System und die Vorgehensweise im Projekt nochmals vor und stimmt diese mit den Projektmitgliedern ab. Im Anschluss wird das in der Ausschreibungsphase erstellte Lastenheft mit den unternehmensspezifischen Anforderungen an die Prognosesoftware in ein Pflichtenheft weiterentwickelt. In diesem Pflichtenheft wird detailliert beschrieben, wie die Unternehmensanforderungen in der Prognosesoftware im Detail umgesetzt werden sollen. Das Pflichtenheft wird nach Erstellung durch den Dienstleister vom Unternehmen formal abgenommen und somit häufig ein nachträglicher Vertragsbestandteil. Für den Fall, dass die Software wesentliche Anforderungen des Unternehmens wider Erwarten doch nicht abbilden kann, empfiehlt es sich, in den Vertrag ein Rücktrittsrecht zu integrieren (siehe Abschn. 4.5.3).

Für die Erstellung eines ersten „Piloten" (eines ersten funktionsfähigen Entwurfs des zukünftigen Programms) sind durch das Projektteam – Dienstleister und eigene Mitarbeiter – zahlreiche Implementierungstätigkeiten zu erbringen. Der Pilot kann entweder nur eine begrenzte Auswahl an Artikeln/Kunden oder bereits das gesamte Sortiment, jedoch bei einem beschränkten Funktionsumfang, umfassen. Bei Unternehmen mit mehreren Standorten und Geschäftsbereichen empfiehlt es sich zudem, zunächst nur einen Standort oder Geschäftsbereich für den Piloten auszuwählen. Zu den Tätigkeiten in der Pilotphase gehören beispielsweise:

- Die Beschaffung der Hardware und der zusätzlich erforderlichen Software (Betriebssysteme, Datenbanken)
- Die Installation des Systems, typischerweise in einer Client-Server-Umgebung
- Die erste Konfiguration des Systems, z. B. das Anlegen der User oder Benutzergruppen
- Die Erstellung der erforderlichen Schnittstellen, z. B. für den Import von Artikel- und Kundenstammdaten inkl. der entsprechenden Hierarchien, für den Import von Ist-Absätzen oder für den Export von Prognosedaten in weiterführende Systeme
- Übernahme der Stammdaten und Anlage der entsprechenden Hierarchiestrukturen in der Prognosesoftware
- Die Auswahl der einzusetzenden Algorithmen je nach Artikel/Artikelgruppe
- Die Definition der geeigneten Hierarchieebene für die Erstellung der Prognose (z. B. SKU-Ebene versus Produktgruppen-Ebene mit automatisierter Verteilung der Mengen auf SKUs)

- Die Erstellung und Abstimmung der erforderlichen Reports
- Die Durchführung von umfassenden Systemschulungen für Power-User und weitere ausgewählte Anwender

Im zweiten Einzelschritt **„Testing und laufende Verbesserungen“** werden das Prognoseergebnis für die Pilotauswahl durch wiederholte Testläufe kontinuierlich verbessert und die Einstellungen der Parameter im Prognosemodell verfeinert. Für die Durchführung dieser regelmäßig sehr umfangreichen Tests sollte vorab ein Testplan erstellt werden, um sicherzugehen, dass alle Anforderungen an die Software auch gewissenhaft umgesetzt wurden. Bereits in der Testphase sollten umfassende Vergleiche zwischen den aktuell vorliegenden Unternehmensprognosen und den systemseitig generierten Systemprognosen vorgenommen werden, da somit Systemdefizite schneller aufgedeckt werden können und gleichzeitig eine erste Prüfung des initial geschätzten Systemnutzens vorgenommen werden kann. Zum Abschluss dieses Schrittes werden eine Vorgehensweise und ein Schulungsplan für den folgenden Rollout des Systems im gesamten Unternehmen definiert.

Im dritten Einzelschritt **„Rollout“** wird das in der Pilotphase entwickelte Modell auf alle Artikel/Kunden und auf alle vorgesehenen Unternehmensbereiche ausgerollt. Je nach Unternehmensgröße und Unternehmenskomplexität kann der Zeitbedarf für diesen Rollout erheblich sein. Ein wesentlicher Bestandteil dieses Schrittes ist die Durchführung von Anwenderschulungen, da die Akzeptanz des Systems durch die Anwender ein wesentlicher Erfolgsfaktor ist. Diese Schulungen sollten zu Beginn noch durch den Dienstleister erfolgen. Im weiteren Projektverlauf können dann für einfache Anwender-Schulungen auch die unternehmensinternen Power-User eingesetzt werden, um den Aufwand und damit die Kosten beim Dienstleister zu reduzieren.

4.6 Herausforderungen im Implementierungsprozess

Bei der Einführung einer Prognosesoftware sind einige spezielle **Herausforderungen** zu bewältigen:

Die Einführung einer Prognosesoftware sollte nicht begonnen werden, wenn im Unternehmen nicht ein bis zwei **Power User** zur Verfügung stehen. Diese müssen eine Doppelqualifikation aufweisen: So ist es einerseits erforderlich, dass diese Personen die **mathematischen Algorithmen in der Prognosesoftware verstehen** und beispielsweise die Parameter der einzelnen Verfahren optimieren können. Dies erfolgt zunächst gemeinsam mit dem Lösungsanbieter, mittelfristig sollte das Unternehmen aber in der Lage sein, die Parameter mit eigenen Ressourcen zu setzen oder alternative Algorithmen für einen Artikel auszuwählen. Für die Interpretation und das Nachhalten von Prognosegüten ist es ebenfalls sinnvoll, die entsprechende Kompetenz im Hause zu haben. All diese Tätigkeiten erfordern gewisse mathematische Kenntnisse, insbesondere in Statistik, die über rein betriebswirtschaftliche Kenntnisse hinausgehen. Diese Zusatzkenntnisse können durch zahlenaffine Mitarbeiter sicherlich erworben werden, was jedoch ausreichend Zeit erfordert.

Andererseits sollten diese Personen **vertiefte Kenntnisse des Geschäfts** aufweisen und betriebliche Zusammenhänge im Detail kennen, um die Hintergründe einzelner Prognosen verstehen und bewerten zu können. Letztendlich ist diesen Mitarbeitern auch der zeitliche Freiraum zu schaffen, um sich um die Prognoseerstellung und -optimierung kümmern zu können. Sollte eine SCM-Abteilung im Unternehmen existieren, so ist es sinnvoll, diese Mitarbeiter hier organisatorisch anzusiedeln. Sollte es diese Abteilung nicht geben, könnte beispielsweise auch eine Anbindung an die Vertriebssteuerung oder das Controlling sinnvoll sein.

Eine weitere zentrale Herausforderung bei der Einführung einer Prognosesoftware ist das Sicherstellen der **Akzeptanz der Vertriebsmitarbeiter,** die nun ihre Absatzplanungen systemgestützt erstellen sollen. Hier bestehen regelmäßig erhebliche Vorbehalte gegen die Einführung eines Systems. Die Gründe hierfür sind vielfältig.

- **Transparenz** durch die systematische und automatisierte Messung der Prognosegüte und damit ein hoher Druck auf die Vertriebsmitarbeiter, Planungen mit hoher Prognosegüte zu erstellen. Insbesondere in Unternehmen, in denen bisher andere Abteilungen für die Erstellung der Absatzprognose verantwortlich waren, erzeugt diese Umstellung häufig große Unruhe im Vertrieb.
- **IT-Aversion** der Mitarbeiter, da solche mit nur geringer IT-Affinität oder sogar mit IT-Aversion neuen Systemen generell mit Vorbehalten begegnen.
- **Zeitaufwand,** da vielfach die Befürchtung besteht, dass die Analyse und Pflege der Plandaten viel Zeit in Anspruch nehmen wird, die dann für Verkaufsaktivitäten nicht mehr zur Verfügung steht. Zudem wird häufig angeführt, dass die Überarbeitung der mathematisch ermittelten Planzahlen nicht von unterwegs erledigt werden könnte und zusätzliche Büroaufenthalte erforderlich seien.

Um diesen Vorbehalten im Vertrieb zu begegnen, ist es entscheidend, zunächst einmal über das Top Management die grundsätzliche Verantwortung des Vertriebs für die Absatzprognose zu betonen und zu erläutern, dass die Performance dieses Prozesses – analog der Performance-Messung in anderen Unternehmensbereichen – über die Ermittlung von Prognosegüten erfolgt. In diesem Zusammenhang kann es sinnvoll sein, ein hohes Prognosegüte-Niveau oder eine Verbesserung der Prognosegüte monetär oder nicht-monetär zu incentivieren. Zur Steigerung der Akzeptanz des Prognosesystems im Vertrieb ist es ebenfalls von großer Bedeutung, den Zeitbedarf für Systemeingaben auf das absolut Notwendige zu beschränken und die Eingabemasken komfortabel zu gestalten. Letztendlich sind umfassende Systemschulungen im Vertrieb sowie ein jederzeit erreichbarer Ansprechpartner bei Fragen oder Unklarheiten weitere zentrale Elemente einer erfolgreichen Implementierung.

Schließlich ist eine weitere Herausforderung das Aufrechterhalten einer großen Unterstützung der Systemeinführung durch das Top Management. Dafür ist durch das

Projektteam aktives **Erwartungsmanagement** zu betreiben. Durch die Einführung einer Prognosesoftware wird sich die Prognosegüte nicht schlagartig und nicht bei allen Artikeln verbessern. Ein gutes Prognoseergebnis wird immer dann erreicht, wenn sich ein gutes Zusammenspiel von mathematischen Algorithmen und manueller Korrektur durch den Vertrieb eingestellt hat. Dieser Prozess dauert im Regelfall ein bis zwei Jahre. Erst dann hat die systemunterstützte Absatzplanung ihr volles Potenzial erreicht. In diesem Zeitraum werden nicht nur die mathematischen Algorithmen immer weiter verfeinert, sondern es werden insbesondere bei den Vertriebsmitarbeitern auch Erfahrungswerte aufgebaut. So können die Mitarbeiter im Vertrieb mit der Zeit immer besser einschätzen, bei welchen Artikeln die Algorithmen tendenziell ein gutes Ergebnis liefern und bei welchen Artikeln die manuelle Korrektur die Prognosegüte steigert. Ebenso kristallisiert sich erst im Zeitablauf heraus, welche Aggregationsebene für die Planung wirklich die sinnvollste ist. All diese Punkte sollten dem Management frühzeitig kommuniziert werden, um kein überhöhtes Erwartungsniveau entstehen zu lassen.

Literatur

Gilliland M (2010) The business forecasting deal. Wiley, Hoboken

Kilger C (2010) Das Aufsetzen eines Supply Chain Projektes. In: Stadtler H, Kilger C, Meyr H (Hrsg) Supply chain management und advanced planning. Springer, Berlin, S 331–355

Kilger C, Wagner M (2010) Demand planning. In: Stadtler H, Kilger C, Meyr H (Hrsg) Supply chain management und advanced planning. Springer, Berlin, S 153–184

Kilger C, Wetterauer U (2010) Der Auswahlprozess. In: Stadtler H, Kilger C, Meyr H (Hrsg) Supply chain management und advanced planning. Springer, Berlin, S 357–372

Lütke Entrup M (2005) Advanced planning in fresh food industries – integrating shelf life into production planning. Physica, Heidelberg

Makridakis SCS, Wheelwright SC, Hyndman RJ (2008) Forecasting methods and applications. WSE

Markin S, Sinha A (2017) SAP integrated business planning – functionality and implementation. Rheinwerk, Boston

Treyer OAG (2010) Business Forecasting: Anwendungsorientierte Theorie quantitativer Prognoseverfahren. UTB, Stuttgart

Wetterauer U, Meyr H (2010) Der Implementierungsprozess. In: Stadtler H, Kilger C, Meyr H (Hrsg) Supply chain management und advanced planning. Springer, Berlin, S 373–401

Fazit 5

Zusammenfassung
S&OP birgt insbesondere in der Konsumgüterindustrie große Potentiale hinsichtlich Umsatz, Kosten und Kapitalbindung und koordiniert in strukturierter Weise die Unternehmensprozesse. In diesem Zusammenhang können spezialisierte Softwaresysteme einen großen Beitrag leisten. Im Ergebnis können mittelständische Konsumgüterhersteller durch Einführung von Best-Practice S&OP-Prozessen mit überschaubarem Aufwand einen großen Nutzen erzielen.

Aus den USA kommend hat sich S&OP mittlerweile auch in Europa in vielen Großunternehmen und im größeren Mittelstand fest etabliert. Durch die Einführung dieses strukturierten Abgleichs von Kapazitätsangebot und Kapazitätsnachfrage konnten viele dieser Unternehmen erhebliche positive Effekte auf Umsatz, Kosten und Kapitalbindung realisieren und somit ihren Unternehmenswert steigern. Unternehmensprozesse ohne die koordinierende Funktion von S&OP sind hier nicht mehr vorstellbar. Gerade in der Konsumgüterindustrie bietet sich der Einsatz von S&OP besonders an, da viele Herausforderungen dieser Branche durch die Nutzung von S&OP Methoden gut angegangen werden können. So können in fast allen Absatzverläufen von Konsumgütern Nachfragemuster erkannt werden, die durch einen strukturierten Absatzplanungsprozess quantifiziert und für das Unternehmen operationalisiert werden können. Zusätzlich können mehrstufige Kapazitätsabgleiche, z. B. in einer MAKE- und PACK-Produktion, gut berechnet und analysiert werden, um Kapazitätsengpässe zu erkennen, bevor sie auftreten.

Dabei können spezialisierte Softwaresysteme eine große Unterstützung leisten, da diese zum einen die Güte der Absatzprognosen deutlich erhöhen können, zum anderen aber auch die Zusammenarbeit der unterschiedlichen, im Prozess involvierten Abteilungen und Personen erleichtern und den für die Systemeingaben erforderlichen Zeitaufwand reduzieren. Am Markt sind für diesen Anwendungsfall zahlreiche Systeme erhältlich. Daher sind die

M. Lütke Entrup und D. Goetjes, *Sales & Operations Planning in der Konsumgüterindustrie*, https://doi.org/10.1007/978-3-658-22891-0_5

Funktionalitäten der einzelnen Anbieter in einem strukturierten Auswahlprozess mit den Unternehmensanforderungen umfassend abzugleichen. Gleichzeitig ist sicherzustellen, dass der Wettbewerb der Anbieter bis zum Ende des Auswahlprozesses aufrechterhalten bleibt und dass der abzuschließende Vertrag zwischen Konsumgüterhersteller und Systemhaus alle wesentlichen Aspekte der Zusammenarbeit regelt.

Vor diesem Hintergrund verwundert es, dass sich viele mittelständische Konsumgüterhersteller mit den Themen S&OP und softwaregestützte Absatzplanung noch gar nicht oder noch nicht umfassend beschäftigt haben. So kann durch die Einführung eines strukturierten S&OP-Prozesses (mit oder ohne Absatzplanungssystem) mit vergleichsweise wenig Aufwand ein hoher Nutzen erzielt werden. Zielführend ist es hierbei, auf die Erfahrungen anderer Unternehmen bei der Einführung eines S&OP- Prozesses zurückzugreifen, um die Best-Practices direkt ohne Umwege im eigenen Unternehmen zu implementieren.

6 Häufige Fragen

Zusammenfassung

Im Rahmen unserer Beratungsprojekte zur Einführung und Optimierung von S&OP-Prozessen in mittelständischen Unternehmen in der Konsumgüterindustrie begegnen uns regelmäßig eine Reihe von Fragen. Die am häufigsten gestellten Fragen mit den entsprechenden Antworten haben wir im Folgenden in Kurzform zusammengefasst.

6.1 Einführung von S&OP

Was ist Sales & Operations Planning (S&OP)?

Sales & Operations Planning (dt.: Absatz- und Produktionsgrobplanung) ist ein strukturierter und integrierter Unternehmensprozess auf taktischer Ebene mit dem Ziel, den Kapazitätsbedarf mit dem Kapazitätsangebot für zukünftige Perioden (häufig 12 bis 24 Monate auf monatlicher Basis) bestmöglich in Einklang zu bringen. Im Ergebnis werden so Engpässe aufgelöst, bevor sie auftreten. Aus diesem kollaborativ erarbeiteten und verabschiedeten Plan leiten sich dann z. B. ein Vertriebsplan, ein Produktionsgrobplan, eine Logistikplanung, eine Bestandsplanung und ggfs. sogar eine Finanzplanung ab. Die detaillierte Ausgestaltung dieses Prozesses ist branchen- und unternehmensabhängig.

Was bringt die Einführung eines S&OP-Prozesses?

Der Nutzen von S&OP besteht aus einem quantitativ-messbaren, finanziellen Nutzen und einem qualitativen Nutzen. Der finanziell messbare Nutzen beinhaltet *höhere Umsätze* aufgrund besserer Lieferfähigkeit und schnellerer Reaktionsfähigkeit, *geringere Kosten,* z. B.

M. Lütke Entrup und D. Goetjes, *Sales & Operations Planning in der Konsumgüterindustrie,* https://doi.org/10.1007/978-3-658-22891-0_6

durch höhere Prozesseffizienzen und weniger Nachlieferungen und „Troubleshooting“, sowie eine *geringere Kapitalbindung* durch die Optimierung der Bestände entlang der gesamten Prozesskette. Insgesamt führt S&OP daher zu höheren Unternehmensergebnissen bei geringerem Kapitaleinsatz und somit zu einer Steigerung der Unternehmensrendite. Zu den qualitativen Effekten gehören ein *verbessertes Teamwork* im Unternehmen, getrieben durch die cross-funktionale Zusammenarbeit, eine *optimierte Unternehmenskommunikation* aufgrund einer vereinheitlichten Zahlenbasis und strukturierter Kommunikationsprozesse sowie dadurch *zeitnähere und qualitativ bessere Entscheidungen.*

Mit welchem Aufwand ist die Einführung eines S&OP-Prozesses verbunden?
Der Aufwand für die Einführung eines S&OP-Prozesses ist im Vergleich zum beschriebenen Nutzen überschaubar. Prinzipiell kann der für die Einführung erforderliche Aufwand zum einen in internen und externen Aufwand sowie andererseits in einen einmaligen, anfänglichen und in einen laufenden Aufwand unterteilt werden. Der interne Aufwand besteht im Wesentlichen aus der Arbeitszeit der Mitarbeiter aus den involvierten Abteilungen, wobei insbesondere in der Konzeptions- und Einführungsphase ein gewisser Ressourceneinsatz zu leisten ist, der sich aber über viele Abteilungen verteilen kann. Zu diesen internen Kosten kommt ggfs. ein Budget für die externe Begleitung des Prozesses. Im eingeschwungenen Zustand beschränkt sich der zeitliche Aufwand auf wenige Stunden pro Monat, so kann ein S&OP-Meeting beispielsweise bei einem eingespielten Team, transparenten Daten und Fokussierung auf die Ausreißer in weniger als einer Stunde durchgeführt werden.

Sollte die Einführung eines S&OP-Prozesses mit externer Unterstützung durchgeführt werden?
Für die Einführung eines S&OP-Prozesses ist eine gewisse Erfahrung hinsichtlich der erforderlichen Abläufe und Daten erforderlich. Sollte diese Erfahrung, z. B. in Form von Mitarbeitern, die S&OP-Prozesse aus anderen Unternehmen kennen, nicht vorliegen, ist es im Regelfall sinnvoll, auf externe Unterstützung zurückzugreifen. Dies ist insbesondere dann der Fall, wenn im Unternehmen ein relativ starkes „Silodenken“ herrscht und die einzelnen Abteilungen (z. B. Vertrieb, Produktion, Logistik, Einkauf) ein eher konfliktäres denn kooperatives Verhältnis pflegen. In dieser Situation ist es häufig nicht zielführend, einen Mitarbeiter aus einer dieser Abteilungen zum S&OP-Verantwortlichen zu machen, der dann die entsprechenden Prozesse aufzusetzen hat, da diesem die nötige Akzeptanz fehlen wird. Durch eine externe Unterstützung können alte Strukturen aufgebrochen und Best-Practice-Prozesse eingeführt werden. Im Ergebnis reduziert sich die Wahrscheinlichkeit des Scheiterns des Projektes erheblich und die positiven Effekte können schneller realisiert werden.

Welche Inhalte sollten im Rahmen des S&OP-Meetings besprochen werden?
Es bietet sich an, das S&OP-Meeting in drei Abschnitte zu unterteilen. Im ersten Abschnitt sollten die offenen Punkte und Arbeitsaufträge aus dem letzten Meeting

durchgegangen werden sowie operative Punkte aus dem Tagesgeschäft angeschnitten und ggfs. Arbeitsaufträge verteilt werden. Der zweite Abschnitt sollte sich der Performance der einzelnen Bereiche im abgelaufenen Zeitraum widmen, um hier bei Abweichungen Gegenmaßnahmen zu initiieren und Kapazitätsannahmen ggfs. anzupassen. Der letzte Abschnitt widmet sich dann dem eigentlichen Kern des Treffens, der Vorstellung und Besprechung der Absatzprognose und deren Abgleich mit dem Kapazitätsangebot.

Welche Personen sollten am S&OP-Meeting teilnehmen?
Kernziel des S&OP-Meetings ist, dass bei absehbaren Engpässen am Tisch Entscheidungen zur Auflösung der Engpässe getroffen werden. Dazu ist sicherzustellen, dass alle relevanten Abteilungen in der Sitzung vertreten sind. Hierzu gehören klassischerweise der Vertrieb, die Produktion und die Produktionsplanung, die Logistik, der Einkauf sowie (falls vorhanden) das Supply Chain Management. Unterstützend können Vertreter der IT und des Controllings hinzukommen. Um bei Konfliktsituationen sicherzustellen, dass Entscheidungen getroffen werden, ist die zusätzliche Teilnahme eines Mitglieds der Geschäftsführung unabdingbar. Dieses sollte ein Mandat der gesamten Geschäftsführung haben, im S&OP-Meeting Entscheidungen herbeiführen zu können.

Wie wird sichergestellt, dass die im S&OP-Meeting getroffenen Entscheidungen auch umgesetzt werden?
Damit der S&OP-Prozess kein „Papiertiger" bleibt, sondern zu konkret umgesetzten Optimierungen in der Prozesskette führt, beinhaltet dieser Prozess mehrere Elemente, die die Umsetzung der beschlossenen Planungen sicherstellen. Das wichtigste Element ist hierbei die Top-Management-Unterstützung des Prozesses, die sich in der Teilnahme eines Mitglieds der Geschäftsführung am S&OP-Meeting manifestiert, wodurch in Konfliktsituationen Entscheidungen herbeigeführt werden. Zusätzlich werden die Arbeitsaufträge aus dem S&OP-Meeting protokolliert und die Ergebnisse im nächsten S&OP-Meeting eingefordert. Letztendlich wird der Leistungsstand aller Bereiche der Prozesskette über KPIs erhoben und in jedem S&OP-Meeting mit besonderem Fokus auf Ausreißer durchgegangen, sodass ein hohes Maß an Transparenz entsteht.

Welche Aktivitäten sind neben dem zentralen S&OP-Meeting (auch Executive S&OP-Meeting genannt) noch erforderlich?
Zusätzliche Aktivitäten sind sowohl vor- als auch nachgelagert zum S&OP-Meeting erforderlich, wobei aber jedes Unternehmen diese Aktivitäten individuell definiert und es keinen allgemeingültigen Prozess gibt. Zu den *vorgelagerten* Aktivitäten gehören im Regelfall die Erstellung der Absatzprognose durch die Planer oder die Überarbeitung einer systemseitig generierten Absatzprognose, sofern eine Prognosesoftware im Einsatz ist. Im Anschluss wird häufig in einem weiteren Schritt diese Prognose durch die Vertriebsleitung validiert und ggfs. angepasst. Es hat sich vielfach bewährt, dass die weiteren Abteilungen auch schon im Vorfeld des S&OP-Meetings diese validierte Prognose

erhalten, um mögliche Engpässe auf der Zeitschiene vorab identifizieren. Zusätzlich sind ebenfalls vor dem S&OP-Meeting die KPIs hinsichtlich der Performance der einzelnen Bereiche aufzuarbeiten. Zu den *nachgelagerten* Aktivitäten gehören die Erstellung und Verteilung des Protokolls, die Abarbeitung der offenen Arbeitsaufträge aus dem Meeting und die laufende Kontrolle des Status der offenen Arbeitsaufträge.

Können die Erkenntnisse aus einer Branche wie der Konsumgüterindustrie auf andere Branchen übertragen werden?
Nahezu alle Spezifika der Konsumgüterindustrie finden sich in gleicher oder ähnlicher Form auch in anderen Branchen. So finden sich die typischen Komponenten eines Absatzverlaufs, wie Grundwert, Trend, Saison oder Lebenszyklus, ebenso wie sporadische Absätze oder Ausreißer in vielen anderen Absatzverläufen anderer Branchen wieder. Auch die Planung von Promotions, die Berücksichtigung von Haltbarkeiten oder mehrstufige Produktionsprozesse spielen in anderen Branchen eine Rolle. Daher können die beschriebenen Methoden und Vorgehensweisen im Regelfall gut auf andere Branchen übertragen werden.

6.2 Einsatz von Prognosealgorithmen

Welche historischen Daten sind erforderlich, um die Algorithmen zu kalibrieren, und wie sollten diese Daten aufbereitet werden?
Zur Kalibrierung der Algorithmen sind insbesondere bei Artikeln mit Saisonalitäten und Lebenszykluskurven Absatzdaten von mindestens drei vollen Absatzzyklen (Geschäftsjahren) erforderlich, besser vier oder mehr. Diese Daten sollten in einem möglichst hohen Detaillierungsgrad bereitgestellt werden, z. B. auf Wochen- oder sogar Tagesbasis. Eine Aggregation der Daten kann jederzeit über das Datum erfolgen. Zusätzlich sollten in den historischen Daten Sondereffekte, wie z. B. Aktionsmengen gekennzeichnet werden. Über den hohen Detaillierungsgrad können dann relevante Informationen für die Prognose erzeugt werden, z. B. Absatzspitzen bei beweglichen Feiertagen, wie z. B. Ostern oder das detaillierte Ausmaß von Saisonverläufen.

Wie häufig sollten die Parameter der Algorithmen und die grundsätzliche Eignung eines Algorithmus für eine Zeitreihe hinterfragt werden?
Auch wenn ein bestimmter Algorithmus mit spezifischen Parametersetzungen einmal als für den Absatzverlauf eines Artikels als gut geeignet identifiziert wurde, so heißt dies nicht, dass dies auch für zukünftige Perioden der Fall sein wird, da sich die Absatzcharakteristika und Absatzmuster eines Artikels im Zeitablauf auch ändern können. Daher sind diese Grundeinstellungen regelmäßig zu hinterfragen. Dieses sollte zweistufig geschehen: Zum einen sollte bei einer nachhaltig eintretenden, deutlichen Verringerung der Prognosegüte, die ja über entsprechende KPI regelmäßig ermittelt werden kann, umgehend eine Überprüfung des Algorithmus und seiner Parameter erfolgen. Zum anderen sollte in einem

Zeitintervall von einem halben oder einem Jahr alle eingesetzten Algorithmen daraufhin überprüft werden, ob nicht ein anderer Algorithmus oder andere Parametersetzungen innerhalb dieses Algorithmus zu einer höheren Prognosegüte führen.

Kann der mathematisch ermittelte Prognosewert noch angepasst und geändert werden?
Der durch Algorithmen ermittelte Prognosewert ist immer nur ein durch ein System generierter Vorschlag, der im Rahmen einer Validierung manuell überschrieben werden kann. Ein Überschreiben ist in jedem Fall sinnvoll, wenn der Planer über aktuelle Informationen verfügt, die z. B. eine Fortschreibung der Absätze der Vergangenheit als wenig zielführend erscheinen lassen. Dabei sollte in regelmäßigen Abständen, z. B. halbjährlich oder jährlich, evaluiert werden, ob und um wie viel sich die Güte der Prognose durch das Überschreiben geändert hat.

Welche internen Ressourcen sind für den Einsatz von Prognosealgorithmen erforderlich – in qualitativer und quantitativer Hinsicht?
Voraussetzung für den Einsatz von Prognosealgorithmen im Unternehmen ist, dass es Mitarbeiter gibt, die sich um die Analyse und Optimierung der eingesetzten Verfahren kümmern können. In quantitativer Hinsicht ist dazu im Mittelstand häufig ein Mitarbeiter mit der entsprechenden Stellvertretung ausreichend. Diese Mitarbeiter sollten eine hohe Zahlenaffinität haben, tiefer gehende Kenntnisse von Prognosealgorithmen besitzen und auch die zugrunde liegende Statistik umfassend verstanden haben. Im Regelfall ist dazu ein Hochschulabschluss erforderlich. Darüber hinaus sind ein gutes Geschäftsverständnis sowie die Beherrschung der eingesetzten Prognosesoftware inkl. der vorgelagerten Systeme (z. B. ERP-System) und der nachgelagerten Systeme (z. B. Business Intelligence Tool) notwendig. Die Marktnachfrage nach entsprechenden Mitarbeitern ist allerdings sehr hoch, sodass – sofern nicht interne Mitarbeiter entsprechend weiterqualifiziert werden können – mit ausreichendem Vorlauf bei der Suche nach qualifizierten Kandidaten begonnen werden sollte.

6.3 Messung der Prognosegüte

Welche Kennzahlen zur Messung der Prognosegüte werden am häufigsten eingesetzt?
Zur Messung der Prognosegüte stehen eine Reihe verschiedener Kennzahlen zur Verfügung, wobei jede dieser Kennzahlen einen anderen Sachverhalt fokussiert. In der Regel ist es das Ziel, möglichst präzise und umfassend über einen Sachverhalt informiert zu werden, dazu aber möglichst wenige Kennzahlen einzusetzen, da für die Erläuterung, Ermittlung und Analyse von Kennzahlen immer auch Aufwand entsteht. In der Praxis hat es sicher vielfach bewährt, die Prognosegüte über die Kennzahlen der „mittleren betragsmäßigen prozentualen Abweichung" (Mean Absolute Percentage Error, MAPE) und über

das Abweichungssignal (Tracking Signal, TS) zu messen. Der MAPE zeigt dabei als prozentualer Wert die Größe der Abweichung einer Prognose von den tatsächlichen Werten, unabhängig davon, ob diese Abweichungen positiver oder negativer Natur sind. Das Tracking-Signal hingegen weist auf die strukturelle Verzerrung einer Prognose hin, gibt also Hinweise darauf, ob ein Artikel grundsätzlich unter- oder überschätzt wird, oder ob sich positive und negative Abweichungen im Zeitablauf aufheben.

Was ist ein guter Benchmark für die Prognosegüte? Gibt es branchenspezifische Benchmarks?
Da die Prognostizierbarkeit einzelner Artikel oder Sortimente von einer Vielzahl an Faktoren, wie z. B. der Länge der Produktlebenszyklen oder der Promotionintensität abhängig ist, gibt es keine generellen Benchmarks für die Prognosegüte. Vergleichbar sind Prognosegüten nur dann, wenn Artikel mit sehr ähnlichen Charakteristika verglichen werden. Um sich als Unternehmen selbst eine Zielsetzung zu geben, bietet es sich an, den naiven Forecast oder saisonalen naiven Forecast als Ausgangsbasis zu verwenden und dann ein angestrebtes Verbesserungspotenzial durch die Verwendung von Algorithmen und durch individuelle Plananpassungen anzusetzen.

Wer sollte die Ergebnisse der Prognosegütemessung erhalten?
Die Prognosegüte wird ermittelt, um einerseits einen Eindruck von der Stabilität und Verlässlichkeit der prognostizierten Absatzzahlen zu erhalten und um andererseits die Prognosegüte stetig zu verbessern, wodurch wiederum Sicherheitsbestände reduziert, Prozessabläufe optimiert und Kosten gesenkt werden können. Daher gibt es für die Prognosegüten eine Reihe von Adressaten im Unternehmen:

- Die Geschäftsführung zur gesamthaften Steuerung des Prozesses und zur Identifikation von Schwachstellen
- Die Verantwortlichen des S&OP-Prozesses, um auf dieser Basis z. B. Sicherheitsbestände festzulegen und den „Härtegrad" der Absatzzahlen beurteilen zu können
- Die einzelnen Planer, um hier eine individuelle Verbesserung des Planungsverhalten zu ermöglichen

In welchen Abständen sollte die Prognosegüte gemessen werden?
Die Messung der Prognosegüte erfolgt idealerweise im gleichen Rhythmus, in dem auch das S&OP-Meeting stattfindet. Dies ist in vielen Unternehmen monatlich der Fall, wobei im Regelfall auch in monatlichen Zeitscheiben der Absatz geplant wird. Ein monatlicher Rhythmus ist ein guter Kompromiss zwischen einer zeitnahen Messung und einem angemessenen Ressourceneinsatz für den Prozess. Bei einer Absatzplanung, die auf Wochenbasis erfolgt, sollte grundsätzlich auch die Prognosegüte auf Wochenbasis ermittelt werden, wobei aber auch in diesem Fall eine Analyse der Werte durchaus nur in monatlichen Rhythmus erfolgen kann, auf den Aufwand in Grenzen zu halten.

6.4 Einführung einer Prognosesoftware

Wie kann man schnell und effektiv ein Lastenheft für eine Prognosesoftware erstellen?
Ziel eines Lastenheftes ist es, die eigenen Anforderungen an eine Prognosesoftware generisch (=Anbieter-neutral) und prägnant zu beschreiben. Alle wesentlichen Anforderungen sollten im Lastenheft enthalten sein, da die Anbieter zum einen auf Basis dieses Lastenheftes, das Teil der Ausschreibungsunterlage ist, ihr Angebot abgeben, und zum anderen der final ausgewählte Anbieter auf dieser Basis ein Pflichtenheft erstellt, in dem abgebildet wird, wie die ausgewählte Software konkret die genannten Anforderungen abdeckt. Um ein Lastenheft schnell und effektiv zu erstellen, bietet es sich daher an, die im Text genannten Anforderungen als Grundlage zu verwenden und zu prüfen, ob die aufgeführten Aspekte für das eigene Unternehmen relevant sind. Zusätzlich sollten die aktuellen Prognose- und Planungsprozesse hinsichtlich unternehmensspezifischer Anforderungen durchleuchtet werden.

Wo kann man potenzielle Anbieter von Prognosesoftware recherchieren?
Um für das eigene Unternehmen den idealen Anbieter zu finden und im Auswahl- und Verhandlungsprozess ausreichend Wettbewerb sicherzustellen, sollten zu Beginn des Auswahlwahlprozesses möglichst viele Anbieter recherchiert und zu einer Long List zusammengefasst werden. Anbieter von Prognosesoftware findet man zum einen über eine einfache Internet-Recherche, zum anderen gibt es Verzeichnisse von Softwareanbietern, wie z. B. www.softguide.de. Letztendlich sollte man die Suche nicht nur auf reine Prognosesoftwareanbieter beschränken, sondern die Anbieter von ERP-Systemen oder Advanced-Planning-Systemen bzw. Supply-Chain-Planning-Systemen einbeziehen, da diese teilweise ebenfalls entsprechende Module anbieten. Marktübersichten zu Anbietern von ERP- oder APS-Systemen mit den entsprechenden Modulen und Funktionen sind beispielsweise in den Zeitschriften und auf der Website des GITO-Verlags (www.gito-verlag.de) erhältlich.

Was kostet ein solches System und wie sieht der Return on Investment (ROI) aus?
Obgleich sich generelle Aussagen zu den Kosten einer Prognosesoftware nicht treffen lassen, da diese von einer Vielzahl an Faktoren abhängig sind, kann doch festgehalten werden, dass diese Systeme im Vergleich zu ERP-Systemen relativ kostengünstig sind. Dieses betrifft sowohl die einmaligen Lizenzkosten (diese sind häufig abhängig von der Anzahl der User) als auch die Beratungskosten für die Systemeinführung und die laufenden Systemkosten für Wartung und Support. Zu diesen eigentlichen Systemkosten kommen dann noch Kosten für die entsprechende Hardware (z. B. Server) sowie zusätzlich erforderliche Software, wie Betriebssysteme und Datenbanken. Letztendlich sollten auch die Kosten der internen Ressourcen in die Betrachtung einbezogen werden, die sowohl für die Systemeinführung als auch für den Systembetrieb anfallen. Im Ergebnis kann auch für den ROI keine generelle Aussage getroffen werden. Da jedoch die Kosten und Investitionen überschaubar sind, die Ergebniseffekte, wie oben beschrieben, aber sehr groß sein können, da diese nahezu alle Bereiche der Wertschöpfungskette umfassen, ist der ROI im Regelfall hoch.

Welche Daten müssen für den Systembetrieb bereitgestellt werden?
Für den Betrieb des Prognosesystems sind Stammdaten und Bewegungsdaten bereitzustellen. Beide Datentypen werden idealerweise über Schnittstellen vom ERP-System übergeben. Zu den Stammdaten gehören insbesondere Artikel- und Kundenstammdaten inkl. der entsprechenden Artikel- und Kundenhierarchie und ggfs. weiteren Merkmalen, wie z. B. eine Markenzuordnung bei Artikeln oder eine regionale Zuordnung bei Kunden. Die Bewegungsdaten beinhalten insbesondere die historischen Absatzdaten, die die Prognosesoftware für die Berechnung der Prognose benötigt.

Wie ist meine Verhandlungsposition gegenüber den Anbietern von Prognosesoftware?
Da Prognosesysteme schon seit vielen Jahrzehnten am Markt angeboten werden und viele Unternehmen, insbesondere Großunternehmen diese Systeme bereits eingeführt haben, sind die Anbieter von Prognosesoftware sehr an neuen Kunden interessiert. Dies ist insbesondere dann der Fall, wenn sich der Anbieter mit diesem Kunden eine interessante Referenz oder eine neue Branche erschließen kann. Zusätzlich sind mit der Implementierung der Software bei einem Kunden für den Anbieter regelmäßig langjährige Lizenz-/Wartungseinnahmen verbunden, da nur die wenigsten Kunden aufgrund des Implementierungsaufwands die Software nach wenigen Jahren wieder austauschen. Unter Berücksichtigung dieser Faktoren ist die eigene Verhandlungsposition insgesamt als gut zu bezeichnen, sodass in einer Systemausschreibung unter Wettbewerb §regelmäßig preisliche Zugeständnisse erreicht werden können.

Welche Aspekte sollten in einem Vertrag mit dem Anbieter der Prognosesoftware geregelt werden?
Mit der Entscheidung für einen Anbieter geht ein Unternehmen typsicherweise eine Beziehung für viele Jahre oder Jahrzehnte sogar ein, da ein einmal eingeführtes System aufgrund des Implementierungsaufwands nur in seltenen Fällen wieder abgelöst wird. Hinzu kommt, dass sich der Anbieter des Prognosesystems im Auswahlprozess noch in einer Wettbewerbssituation befindet, somit ist er hier eher zu vertraglichen Zugeständnissen als nach erfolgter Unterschrift bereit. Daher sollten im abzuschließenden Vertrag, dessen Verhandlung Teil des Auswahlprozesses ist, alle Aspekte der zukünftigen, langjährigen Zusammenarbeit detailliert geregelt sein. Diese beinhalten unter anderem folgende Kernbereiche:

- Beschreibung der finalen Systemlandschaft (inkl. Datenbanken, Hardware etc.)
- Lizenzen und Lizenzbedingungen
- Fristen der Installation
- Nutzungsrechte
- Vertragslaufzeiten
- Wartung und Back-up
- Preise und Konditionen

Glossar

Zusammenfassung

An vielen Stellen dieses Buches werden Begriffe verwendet, die Lesern, die sich nicht regelmäßig mit S&OP-Prozessen und Absatzprognosen beschäftigen, wenig vertraut sein werden. Auch wenn die Begriffe im Text erläutert werden, ist ein zentrales Glossar hilfreich, auf das bei einer S&OP-Einführung immer wieder zurückgegriffen werden kann und das dazu beiträgt, ein einheitliches Verständnis von Ausdrücken im Projektteam sicherzustellen. Insbesondere für englischsprachige Begriffe ist dies von besonderer Bedeutung.

Über eine Analogie-Prognose … wird versucht, die Nachfrage nach einem Artikel, z. B. nach einem neu eingeführten Produkt, auf Basis des Absatzverlaufs eines ähnlichen Artikels zu approximieren.

ARMA-/ARIMA-Modelle … sind komplexe Prognosealgorithmen mit dem Ziel, die Schwankungen des Residuums (siehe Zeitreihendekomposition) möglichst exakt nachzubilden.

Bias … beschreibt im Rahmen von Prognosegüteberechnungen die Abweichungen der Prognose vom Ist-Absatz. Hierbei werden positive und negative Abweichungen gegeneinander saldiert, sodass im Ergebnis gezeigt wird, ob insgesamt eine Über- oder Unterschätzung der tatsächlichen Absätze vorliegt.

Das Box/Jenkins-Verfahren … ist das bekannteste Prognoseverfahren der ARMA-/ARIMA-Modelle.

Collaborative Development Chain Management (CDCM) … hat zum Ziel, auf Basis einer kollaborativen Produktentwicklung Fertigwaren so zu entwickeln, dass die gesamte Supply Chain optimiert arbeiten kann. In dieser Hinsicht erweitert CDCM die ECR Standardisierungs- und Rationalisierungsansätze auf den Bereich der Produktspezifikationen.

Collaborative Planning, Forecasting and Replenishment (CPFR) … beinhaltet die gemeinsame Planung, Prognose und ein gemeinsames Bestandsmanagement zwischen Handel und Hersteller und stellt eine Fortführung des ECR-Ansatzes dar. CPFR

M. Lütke Entrup und D. Goetjes, *Sales & Operations Planning in der Konsumgüterindustrie,* https://doi.org/10.1007/978-3-658-22891-0

wurde 1997 von der Voluntary Interindustry Commerce Standards Association (VICS) in den USA entwickelt und gibt einen neunstufigen Prozess für den Aufbau und die Durchführung der Zusammenarbeit vor. Hauptzielsetzungen sind eine Reduktion der OOS-Raten und eine Reduktion der Bestände entlang der Lieferkette. Aufgrund der hohen Komplexität wurde CPFR in der ursprünglich angedachten Form nur im Rahmen weniger Pilotprojekte umgesetzt, bei denen vor allem Großunternehmen beteiligt waren.

Concurrent User … ist die Basis für ein Vergütungsmodell für Software-Lizenzen, das auf der Anzahl der Nutzer, die gleichzeitig in einem System arbeiten können, basiert. Die Anzahl der namentlich benannten Nutzer (Named User) ist dabei im Regelfall größer als die Anzahl der Concurrent User.

Ein Dummy-Artikel … wird im Rahmen einer Prognoseerstellung verwendet, wenn ein geplantes Neuprodukt noch nicht konkret ausgestaltet wurde und somit die entsprechenden Stammdaten im ERP-System noch nicht verfügbar sind. Um diese Planmengen neuer Artikel bei der Prognoseerstellung berücksichtigen zu können, werden diese „künstlichen" Artikel zunächst verwendet und dann im weiteren Verlauf durch die konkret definierten Artikel ersetzt.

Efficient Consumer Response (ECR) … ist ein Konzept der Konsumgüterindustrie, in Rahmen dessen Hersteller und Handel zur Optimierung der Supply Chain zusammenarbeiten. Neben dem Schaffen einheitlicher Standards, wie z. B. der europäischen Artikelnummer, hat ECR insbesondere das Ziel, eine effiziente Warenversorgung sicherzustellen.

Mit Enterprise Resource Planning System (ERP-System) … werden Anwendungsprogramme bezeichnet, die zur Steuerung des Unternehmens eingesetzt werden. Typische Funktionen sind beispielswiese die Materialbedarfsplanung, die Auftragsabwicklung, das Rechnungswesen oder die Personalverwaltung. Neben großen Systemhäusern wie SAP, Oracle und Microsoft gibt es zahlreiche weitere Anbieter.

Exponentielle Glättung … stellt eine Kategorie rekursiver Prognosealgorithmen dar, bei denen die Prognosewerte nicht nur auf Basis vergangener Ist-Werte, sondern auch auf Basis vergangener Prognosewerte ermittelt werden. Es werden Verfahren der ersten, zweiten und dritten Ordnung unterschieden.

Gleitender Durchschnitt/Gewichteter gleitender Durchschnitt … beschreibt Prognoseverfahren, die eine Prognose rein auf Basis von Durchschnitten von Ist-Werten berechnen. Dabei ist grundsätzlich die Anzahl der für die Berechnung zu verwendenden vergangenen Perioden sowie im Falle des gewichteten gleitenden Durchschnitts die Gewichtung dieser Perioden festzulegen.

Das Kapazitätsangebot (Supply) … bezeichnet die vorhandene Kapazität, die im Rahmen der S&OP-Analysen mit der Kapazitätsnachfrage abgeglichen wird, um Engpässe zu identifizieren. Da der Abgleich für alle Stufen der Supply Chain und für alle zukünftigen Planungsperioden durchzuführen ist, ist das Kapazitätsangebot auf diese Ebenen herunterzubrechen.

Die Kapazitätsnachfrage (Demand) … reflektiert den Bedarf an Kapazität in zukünftigen Perioden, der mit dem jeweiligen Angebot abgeglichen wird. Um auf allen Stufen der Supply Chain einen Kapazitätsabgleich durchführen zu können, ist der originär geplante Bedarf an Fertigwaren in die entsprechenden Einheiten der jeweiligen Stufe umzurechnen (z. B. in Paletten für den Abgleich mit der Lagerkapazität oder in kg für den Abgleich mit der Produktionskapazität). Zusätzlich sind Vorlaufzeiten zwischen den Stufen zu berücksichtigen.

Key Performance Indicator (KPI) … kann mit „Leistungskennzahl" übersetzt werden. Über KPIs werden die unternehmerische Leistung insgesamt und in einzelnen Teilbereichen gemessen und Ziele definiert. Im S&OP-Prozess sind KPI das zentrale Rückgrat zur Identifikation von Ausreißern und toleranzüberschreitenden Abweichungen, sodass dann im S&OP-Prozess gegengesteuert werden kann.

Kollaborative Planung … findet statt, wenn verschiedene Abteilungen an der Erstellung der Planung beteiligt sind und somit das in der Organisation vorhandene Wissen Eingang in die Planung findet.

In einem KPI Dashboard … sind die zentralen Kennzahlen der Supply Chain eines Unternehmens zusammengefasst dargestellt. Die Herausforderung hierbei ist, die gesamte Supply Chain über Kennzahlen zu erfassen, aber gleichzeitig die Anzahl der zu ermittelnden Kennzahlen auf das Notwendige zu begrenzen.

MAKE- und PACK-Produktion … ist ein zweistufiger Produktionstyp, der in der Konsumgüterindustrie und insbesondere in der Lebensmittelproduktion häufig vorzufinden ist. Im ersten Schritt MAKE wird dabei ein Zwischenprodukt erstellt (z. B. eine bestimmte Biersorte), das dann im zweiten Schritt PACK in eine bestimmte Verpackung gegeben wird (z. B. in eine 0,5 Liter-Flasche abgefüllt).

Make-to-Stock … beschreibt einen Produktionstyp, bei dem Fertigware auf Lager gefertigt wird und Kundenaufträge vom Fertigwarenlager bedient werden. Das Risiko der Obsoleszenz des Lagerbestands liegt dabei im Regelfall beim Hersteller.

Make-to-Order … stellt hingegen einen Produktionstyp dar, bei dem die Produktion der Fertigware erst nach Vorliegen eines konkreten Kundenauftrags angestoßen wird. Dies ist regelmäßig mit einer Abnahmeverpflichtung des Kunden verbunden, sodass das Risiko der Obsoleszenz der Fertigwaren auf den Kunden übertragen wird.

Mit Management by Exception … wird ein Management-Ansatz beschrieben, bei dem sich das Management schwerpunktmäßig auf die Analyse und Bewältigung von Ausreißern und Ausnahmen fokussiert.

Mean Absolute Deviation (MAD) … ist ein Prognosegütemaß, das die durchschnittliche Abweichung zwischen Prognosewert und Ist-Wert über einen betrachteten Zeitraum als betragsmäßigen und absoluten Wert angibt. In der Praxis wird die Kennzahl insbesondere bei kleineren Volumina mit sporadischen Nachfragemustern genutzt.

Mean Absolute Percentage Error (MAPE) ... ist eines der wichtigsten Prognosegütemaße. Da der MAPE (dt.: mittlere betragsmäßige prozentuale Abweichung) den mittleren prozentualen Fehler eines Prognosewertes über mehrere Perioden angibt, kann diese Kennzahl gut verwendet werden, um die Prognosegüte der Zeitreihen verschiedener Artikel miteinander zu vergleichen.

Die Naive Prognose ... ist ein sehr einfaches Prognoseverfahren, bei dem der letzte beobachtete Wert der Zeitreihe als Prognosewert angesetzt wird. Dieses Verfahren wird häufig als Benchmark für andere Prognoseverfahren genutzt, das es in der Prognosegüte zu übertreffen gilt.

Named User ... sind die namentlich bezeichneten Nutzer eines Systems, für die eine entsprechende Nutzungslizenz erworben wurde.

Ein Non-Disclosure Agreement (NDA) ... regelt die vertrauliche Behandlung von ausgetauschten Informationen (dt.: Vertraulichkeitsvereinbarung). Da es sich beispielsweise bei den Absatzdaten nach Produkt oder Kunde um sehr vertrauliche Daten handelt, mit denen ein Anbieter von Prognosesoftware bei einer entsprechenden Systemimplementierung arbeitet, sollte dies im Vorfeld auch rechtlich abgesichert werden.

Eine Out-of-Stock (OOS) ... -Situation existiert in einem Unternehmen, wenn es nicht in der Lage ist, einen Artikel trotz konkreter Kundennachfrage zu liefern, wodurch höhere Kosten (z. B. durch Nachlieferungen), Umsatzausfälle und Kundenunzufriedenheit, ggfs. verbunden mit Strafzahlungen, entstehen. Eines der Kernziele von S&OP ist die Vermeidung von OOS und das Sicherstellen der Lieferperformance.

Pegging ... bezeichnet die Verkettung von Produktionsaufträgen in einer sequenziell verknüpften Produktionskette. In einer MAKE- und PACK-Produktionsumgebung ohne Zwischenlager muss beispielsweise für die Abfüllung eines Produktes der entsprechende Produktinhalt im Produktionsschritt MAKE zunächst erstellt und rechtzeitig bereitgestellt werden, sodass die beiden Schritte miteinander verknüpft („gepegged“) werden müssen.

Über die Planungsdimension ... wird die grundlegende Struktur einer Planung beschrieben. In den meisten Unternehmen sind dabei neben den Basisdimensionen „Artikel“ und „Kunde“ zahlreiche weitere Dimensionen relevant, wie z. B. Geographien, Verpackungsformate oder Rezepturen. Eine zentrale Herausforderung besteht darin, die Integration der verschiedenen Planungsdimensionen sicherzustellen.

Die Planungshierarchie ... beschreibt eine Aggregationsebene innerhalb einer Planungsdimension. Über die Planungshierarchien kann eine Aggregation bzw. Disaggregation der Plan- und Ist-Daten stattfinden.

Ein Prognosealgorithmus ... ist ein mathematisches Verfahren, mit dem zukünftige Werte einer Zeitreihe prognostiziert werden können. Zu den verbreitetsten Verfahren gehören naive Prognosen, gleitende Durchschnitte, Verfahren der exponentiellen Glättung, ARIMA-Verfahren und die Regressionsanalyse.

Prognosegüte (auch: Prognosequalität/Forecast Accuracy) ... bezeichnet das Ausmaß, mit dem ein Prognoseverfahren oder ein Prognosealgorithmus in der Lage ist, eine tatsächliche Entwicklung vorherzusagen. Je höher die Prognosegüte ist, desto zielgenauer können im Unternehmen Bestände, Produktion und Einkauf geplant werden. Für die Prognosegüte gibt es zahlreiche Kennzahlen, die unterschiedliche

Aspekte beleuchten. Für eine gesamthafte Darstellung der Prognosegüte wird der gleichzeitige Einsatz mehrerer dieser Kennzahlen empfohlen.

Eine Prognosesoftware ... stellt verschiedene Algorithmen zur Absatzprognose zur Verfügung, kann die für eine bestimmte Zeitreihe geeigneten Algorithmen mit den entsprechenden Parametern identifizieren, berechnet die Prognosegüte anhand verschiedener Kennzahlen und erleichtert die Zusammenarbeit bei der Erstellung und der Analyse einer Prognose.

Die Regressionsanalyse ... gehört zur Familie der multivariaten Prognoseverfahren und berücksichtigt daher bei der Ermittlung einer Prognose nicht nur bekannte Werte der Zeitreihe selbst, sondern zusätzlich auch Werte anderer Zeitreihen, die die Prognose beeinflussen können (z. B. Preisangaben, Wetterinformationen etc.).

Ein Request-for-Information (RfI) ... wird eingesetzt, um einen ersten Überblick über einen potenziellen Lieferanten zu erhalten. Um eine hohe Rücklaufquote seitens der Lieferanten zu generieren, sollte ein RfI (dt.: Lieferantenselbstauskunft) auf wenige relevante Fragen beschränkt sein, um dem Lieferanten ein schnelles Ausfüllen zu ermöglichen. Relevante Inhalte können die Kontaktdaten, Angaben zum Leistungsspektrum, Umsatz- und Kapazitätsdaten sowie Referenzen sein.

Request-for-Proposal (RfP) ... bezeichnet die Ausschreibung eines Bedarfs, z. B. Materialien oder Dienstleistungen. In einem RfP sind die Anforderungen des beschaffenden Unternehmens so präzise zu definieren, dass potenzielle Anbieter alle erforderlichen Informationen besitzen, um glaubhafte und vergleichbare Angebote anzugeben.

Der Root Mean Squared Error (RMSE) ... ist eine Kennzahl zur Bestimmung der Prognosegüte (dt.: Quadratwurzel des mittleren quadratischen Fehlers). Zur Berechnung des RMSE werden Prognosefehler quadriert, was dazu führt, dass größere Prognosefehler eine stärkere Gewichtung erhalten. Somit ist der RMSE insbesondere für die Betrachtung kritischer, stark schwankender Artikel empfehlenswert, da eine größere Prognoseabweichung hier stärker ins Gewicht fällt.

Sales & Operations Planning (S&OP) ... hat zum Ziel, die Planung und Steuerung von Warenströmen so effektiv und effizient wie möglich zu gestalten und die Nachfrage – „Demand" – sowie deren Befriedigung – „Supply" – zu vereinen. S&OP (dt.: Absatz- und Produktionsgrobplanung) ist als integrierter Geschäftsprozess zu verstehen, der – ausgehend von der Absatzprognose – das Ziel verfolgt, einen planerischen Einklang von hoher Lieferfähigkeit, optimierten Beständen und hoher Produktivität in der Supply Chain zu erreichen.

Das Sales & Operations Planning-Meeting ... ist die zentrale Kommunikationsplattform zur Besprechung und Verabschiedung von Absatzplanung und Kapazitätsabgleich sowie zur Auflösung zukünftiger Engpässe. Erfolgsfaktoren sind eine stark datengetriebene Vorgehensweise, ein Fokus auf Ausreißer und die Unterstützung des Top Managements (daher auch „Executive-S&OP-Meeting").

Shortage Gaming … bezieht sich auf ein Planungsverhalten, bei dem überhöhte Absatzprognosen abgegeben werden, um in Situationen knapper Kapazitäten eine größere anteilige Menge für die eignen Kunden oder Artikel zugeteilt zu bekommen.

Sicherheitsbestand … wird durch ein Unternehmen vorgehalten, um ungeplante Absatzschwankungen auszugleichen. Die Höhe der Sicherheitsbestände hängt dabei insbesondere von der Prognostizierbarkeit zukünftiger Absätze ab. Zur Ableitung der Sicherheitsbestände stehen eine Reihe mathematischer Verfahren, aber auch Praktiker-Regeln zur Verfügung.

Supply Chain Management (SCM) … bezeichnet das integrierte Management einer Lieferkette mit den entsprechenden Material- und Informationsflüssen von den Rohstoffen bis zum Endkonsumenten („from farm to fork"). Über einen S&OP-Prozess kann das SCM im Unternehmen optimiert und die gesamte Steuerung der Supply Chain sichergestellt werden.

Das Tracking Signs (TS) … ist neben dem MAPE eine weit verbreitete Kennzahl zur Ermittlung der Prognosegüte und gibt den systematischen Fehler einer Prognose an (strukturelle Unter- oder Überschätzung). Die Werte des TS können zwischen -1 und 1 liegen, wobei bei einem TS von 0 sich positive und negative Abweichungen exakt gegenseitig aufheben.

Der Weighted Mean Absolute Percentage Error (WMAPE) … ist eine Kennzahl zur Ermittlung der Prognosegüte und gibt die gewichtete mittlere betragsmäßige prozentuale Abweichung zwischen Prognosewert und tatsächlichem Wert an. Die Gewichtung der prozentualen Prognosefehler kann dabei beispielsweise über die Monatsabsätze der Artikel erfolgen, um Saisonalitäten abzubilden. Eine andere Variante ist die Gewichtung der prozentualen Fehler über Absätze oder Umsätze einzelner Artikel, um absatz- oder umsatzstärkeren Artikeln ein größeres Gewicht einzuräumen.

Durch eine Zeitreihendekomposition … wird eine Zeitreihe (z. B. ein Absatzverlauf eines Artikels) in verschiedenen Komponenten zerlegt, um jede Komponente einzeln zu modellieren. Auf diese Weise werden wiederkehrende Muster in einer Zeitreihe erkannt. Zu den klassischen Komponenten einer Zeitreihe gehören das Niveau (der Grundwert), der Trend, die Saison, der Zyklus (periodische Schwankungen über eine Saison hinaus) und das Residuum (verbleibende, zufällige Schwankungen).

Printed by Printforce, the Netherlands